普通高校本科计算机专业特色教材精选·算法与程序设计

C++实验指导书

朱金付　主编

柏　毅　郑雪清　何铁军　徐冬梅　朱　萍　编著

朱　敏　主审

清华大学出版社

北京

内 容 简 介

本书是为学习程序设计语言 C++ 的读者准备的,与同期出版的《C++ 程序设计》一书配套使用,也可以与其他介绍 C++ 的教材配套使用。本书旨在引导学生如何从课题(题目)出发,经过思考分析,设计出符合要求的 C++ 程序,并且上机调试通过。书中还介绍了在 Visual C++ 6.0 环境下调试程序的方法和技巧。全书设计了 25 个实验,每个实验分为三个部分:概述、案例和实验指导。概述部分简述实验内容和实验目的。案例部分详细描述了完整的课题,包括课题内容、课题分析、完整的源代码和对本课题的思考。每个实验的实验指导部分设计了 2～3 个课题。这些课题的难度,所代表的概念、技巧或算法各不相同,供不同能力的读者选做。每个实验的案例和读者课题都是经过精心设计的,所构思的对课题的分析和思考,引导读者从不同的角度去审视课题,从而设计出不同的、各具特色的程序。

本书是为没有学习过程序设计语言的读者而编写的。可以作为大专院校理工科学生学习 C++ 语言的教材,也可以作为计算机二级考试的参考书。

图书在版编目(CIP)数据

C++ 实验指导书/朱金付主编. —北京:清华大学出版社,2009.9(2023.1重印)

(普通高校本科计算机专业特色教材精选·算法与程序设计)

ISBN 978-7-302-20038-3

Ⅰ. C… Ⅱ. 朱… Ⅲ. C 语言－程序设计－高等学校－教学参考资料 Ⅳ. TP312

中国版本图书馆 CIP 数据核字(2009)第 101098 号

责任编辑:袁勤勇 李玮琪
责任校对:时翠兰
责任印制:刘海龙

出版发行:清华大学出版社
   网 址:http://www.tup.com.cn,http://www.wqbook.com
   地 址:北京清华大学学研大厦 A 座   邮 编:100084
   社 总 机:010-83470000   邮 购:010-62786544
   投稿与读者服务:010-62776969,c-service@tup.tsinghua.edu.cn
   质 量 反 馈:010-62772015,zhiliang@tup.tsinghua.edu.cn
印 装 者:天津鑫丰华印务有限公司
经 销:全国新华书店
开 本:185mm×260mm   印 张:9.75   字 数:224 千字
版 次:2009 年 9 月第 1 版   印 次:2023 年 1 月第 17 次印刷
定 价:38.00 元

产品编号:033897-05

出版说明

INTRODUCTION

在我国高等教育逐步实现大众化后,越来越多的高等学校将会面向国民经济发展的第一线,为行业、企业培养各级各类高级应用型专门人才。为此,教育部已经启动了"高等学校教学质量和教学改革工程",强调要以信息技术为手段,深化教学改革和人才培养模式改革。如何根据社会的实际需要,根据各行各业的具体人才需求,培养具有特色显著的人才,是我们共同面临的重大问题。具体地说,培养具有一定专业特色的和特定能力强的计算机专业应用型人才是计算机教育要解决的问题。

为了适应 21 世纪人才培养的需要,培养具有特色的计算机人才,急需一批适合各种人才培养特点的计算机专业教材。目前,一些高校在计算机专业教学和教材改革方面已经做了大量工作,许多教师在计算机专业教学和科研方面已经积累了许多宝贵经验。将他们的教研成果转化为教材的形式,向全国其他学校推广,对于深化我国高等学校的教学改革是一件十分有意义的事情。

清华大学出版社在经过大量调查研究的基础上,决定组织出版一套"普通高校本科计算机专业特色教材精选"。本套教材是针对当前高等教育改革的新形势,以社会对人才的需求为导向,主要以培养应用型计算机人才为目标,立足课程改革和教材创新,广泛吸纳全国各地的高等院校计算机优秀教师参与编写,从中精选出版确实反映计算机专业教学方向的特色教材,供普通高等院校计算机专业学生使用。

本套教材具有以下特点:

1. 编写目的明确

本套教材是在深入研究各地各学校办学特色的基础上,面向普通高校的计算机专业学生编写的。学生通过本套教材,主要学习计算机科学与技术专业的基本理论和基本知识,接受利用计算机解决实际问题的基本训练,培养研究和开发计算机系统,特别是应用系统的基本能力。

2. 理论知识与实践训练相结合

根据计算学科的三个学科形态及其关系，本套教材力求突出学科的理论与实践紧密结合的特征，结合实例讲解理论，使理论来源于实践，又进一步指导实践。学生通过实践深化对理论的理解，更重要的是使学生学会理论方法的实际运用。在编写教材时突出实用性，并做到通俗易懂，易教易学，使学生不仅知其然，知其所以然，还要会其如何然。

3. 注意培养学生的动手能力

每种教材都增加了能力训练部分的内容，学生通过学习和练习，能比较熟练地应用计算机知识解决实际问题。既注重培养学生分析问题的能力，也注重培养学生解决问题的能力，以适应新经济时代对人才的需要，满足就业要求。

4. 注重教材的立体化配套

大多数教材都将陆续配套教师用课件、习题及其解答提示，学生上机实验指导等辅助教学资源，有些教材还提供能用于网上下载的文件，以方便教学。

由于各地区各学校的培养目标、教学要求和办学特色均有所不同，所以对特色教学的理解也不尽一致，我们恳切希望大家在使用教材的过程中，及时地给我们提出批评和改进意见，以便我们做好教材的修订改版工作，使其日趋完善。

我们相信经过大家的共同努力，这套教材一定能成为特色鲜明、质量上乘的优秀教材。同时，我们也希望通过本套教材的编写出版，为"高等学校教学质量和教学改革工程"做出贡献。

清华大学出版社

前 言

PREFACE

　　计算机语言是现代大学生的必修课。C++ 是一种重要的计算机语言，它特别适合开发大型系统程序，它的机制独特，功能强大，高效而实用，引导着程序设计的潮流。在计算机基础教学领域，C++ 教学蓬勃发展，大有迅速取代 C 语言的势头。

　　Windows 是当前最流行的程序设计工作平台，而 Microsoft Visual C++ 是最常用的 Windows 平台下的 C++ 程序设计集成环境之一。本书中的实验就是以 Visual C++ 为平台展开的，当然多数课题实验也可以在其他 C++ 环境下进行。

　　本书作者都是从事高校计算机语言教学的专家，也有着大型软件设计的经验。对高等教育熟悉，对 C++ 的深刻理解，对大学生心理、思维习惯、学习困惑的了解，是编写这本书的基础。学生在学习 C++ 课程的过程中，听课一般听得懂，课后看书也可以看懂，但是动手编程时，往往无从下手，不知所措。很多参加等级考试的学生未能通过，都是因为机试考不好。编写本书的目的就是试图帮助学生解决这一难题。

　　全书设置了 25 个实验，涵盖了《C++ 程序设计》一书从面向过程到面向对象部分的全部内容。每个实验分为三个部分：概述、案例和实验指导。概述部分简述实验内容和实验目的。案例部分详细地描述了一个完整的课题，包括课题内容、课题分析、完整的源代码和对本课题的思考。案例向读者展示对本类课题的认识、分析和思考，力图使学生能举一反三，完成其他课题。每个实验的实验指导部分设计了 2～3 个读者课题，由读者完成。这些课题的难度，所代表的概念、技巧或算法不同，供不同能力的读者选做。读者可以做其中之一，也可以全做。书中对这些课题给出了分析，作为读者完成这些实验的引导和启示。每个实验的案例和读者课题都是经过精心设计的，所构思的对课题的分析和思考，引导读者从不同的角度去审视课题，从而可以设计出不同的、各具特色的程序。

　　本书在第一个实验就介绍了 VC++ 的集成环境，从实用的角度出发，略去了一些暂时用不着的部分，减轻了读者的学习负担。在第二个实验介绍了 VC++ 环境下调试程序的方法和技巧。为了增强学生的分析能力,书中还专门介绍如何将 N-S 图转换为 C++ 程序。

在日常的教学活动和作者自己开发软件的过程中,都遇到过不少实验问题,学生上机所出现的问题以及存在的困惑,都给了作者许多有益的启发,也是编写本书的动力。但是本书作者对 C++ 的实验的理解尚有局限性,加上本书成书仓促,书中难免有许多不足甚至是错误之处,恳请广大读者不吝指正,以利于在再版时修正。

本书由朱金付、柏毅、郑雪清、何铁军、徐冬梅、朱萍等老师合作编写。朱敏教授审阅了全书并做了大量的指导工作。

作者的电子邮件地址是:zhuphl@jlonline.com。

目 录

CONTENTS

实验 **1**

熟悉 Visual C++ 下项目
文件的创建

1.1 概　　述

1. 目的要求

(1) 熟悉 Visual C++ 6.0 集成开发环境。

(2) 掌握 Visual C++ 下项目创建的方法。

(3) 掌握各类运算符及表达式。

2. Visual C++ 6.0 集成开发环境介绍及项目文件创建

3. 实验内容

(1) 熟悉 Visual C++ 6.0 集成开发环境。

(2) 表达式求解。

(3) 整除与求余运算符。

(4) 条件运算符。

(5) sizeof 运算符。

1.2　Visual C++ 集成开发环境介绍
及项目文件的创建

1. Visual C++ 6.0 集成开发环境简介

Visual C++ 提供了一个集源程序编辑、代码编译与调试于一体的开发环境,这个环境称为集成开发环境,对于集成开发环境的熟悉程度直接影响程序设计的效率。开发环境是程序员同 Visual C++ 的交互界面,通过它程序员可以访问 C++ 源代码编辑器、资源编辑器,使用内部调试器,并且可以创建工程文件。

用鼠标单击"开始"→"程序"→Microsoft Visual Studio 6.0 → Microsoft Visual C++ 6.0,弹出如图 1.1 所示的窗口。

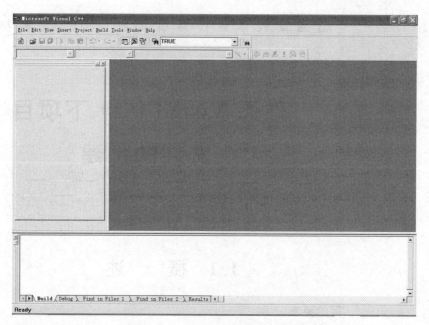

图 1.1　Visual C++ 开发环境界面

2. Visual C++ 6.0 的菜单栏

（1）File 菜单

File 菜单包括对文件、项目、工作区及文档进行文件操作的相关命令或子菜单。

（2）Edit 菜单

除了常用的剪切、复制、粘贴命令外，还有为调试程序设置的 Breakpoints 命令，可完成设置、删除、查看断点；此外还有为方便程序员输入源代码的 List Members、Type Info 等命令。

（3）View 菜单

View 菜单中的命令主要用来改变窗口和工具栏的显示方式、检查源代码、激活调试时所用的各个窗口等。

（4）Insert 菜单

Insert 菜单包括创建新类、新表单、新资源及新的 Atl 对象等命令。

（5）Project 菜单

使用 Project 菜单可以创建、修改和存储正在编辑的工程文件。

（6）Build 菜单

Build 菜单用于编译、创建和执行应用程序。

（7）Tools 菜单

Tools 菜单允许用户简单快速的访问多个不同的开发工具，如定制工具栏与菜单、激活常用的工具（Spy++ 等）或者更改选项等。

3. 创建 Visual C++ 6.0 控制台程序

启动 Visual C++ 6.0 后，选择 File→New 菜单命令，弹出如图 1.2 所示的新建工程对话框。

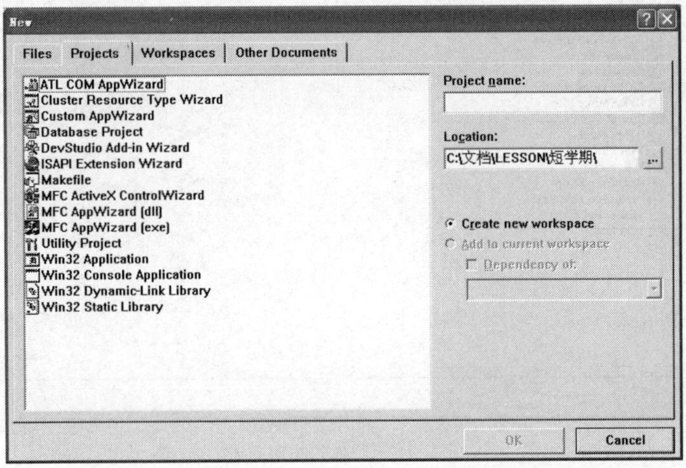

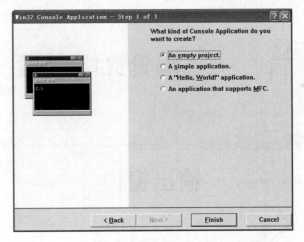

图 1.2　新建工程对话框

　　单击对话框上方的 Projects 选项卡,选择 Win32 Console Application 工程类型,在 Location 栏中填写工程路径(目录),例如:D:\,在 Project name 栏中填写工程名,例如 test,然后单击 OK 按钮,弹出如图 1.3 所示的对话框。

图 1.3　创建 Win32 Console Application 对话框

　　选中选项 An empty project,单击 Finish 按钮,工程框架创建完毕。

4. 编辑程序

　　再次选择 File→New,弹出对话框后,选择对话框上方的 Files 选项卡,如图 1.4 所示。

　　选择文件类型 C++ Source File,并选中 Add to project 复选框,在 File 栏中填写要创建的 C++ 源文件的文件名,进入源程序编辑界面,如图 1.5 所示。

　　编辑窗口主要用于输入 C++ 程序。

　　工作区窗口下方有两个选项卡:ClassView 选项卡和 FileView 选项卡。选中

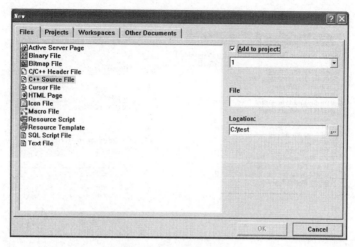

图 1.4   新建文件对话框

图 1.5   源程序编辑界面

ClassView 选项卡,则在工作区窗口列出本工程中定义的类和结构体,类和结构体的概念将在以后的章节中介绍。选中 FileView 选项卡,则在工作区窗口列出本工程中包含的源文件。

输出窗口主要用于 Visual C++ 6.0 输出相应的信息,如编译时的编译信息。

在编辑界面下可输入如下 C++ 程序。

```cpp
#include<iostream.h>
void main()
{
```

```
    int a=3,b=4,t;
    cout<<"a="<<a<<"\tb="<<b<<'\n';
    t=a;a=b;b=t;
    cout<<"a="<<a<<"\tb="<<b<<'\n';
}
```

5．编译与调试

源程序编辑完毕后,选择 Build→Build 菜单命令(或按快捷键 F7),Visual C++ 6.0 对程序进行编译,并在输出窗口中输出编译信息。

编译系统给出的出错信息分为两种:错误(error)和警告(warning),警告类的错误指一些不影响编译的轻微的错误(如定义了一个变量,却一直没有使用过它);而 error 类的错误,必须改正后才能重新编译。

若程序正确,则 Visual C++ 6.0 在输出窗口提示" *.exe － － 0 error(s), * warning(s)"。此时选择 Build→Execute *.exe(或按快捷键 Ctrl＋F5),Visual C++ 6.0 弹出程序的运行窗口,如图 1.6 所示。

图 1.6　Visual C++ 6.0 运行窗口

若程序不符合 C++ 语法,则编译系统报错。可根据输出窗口的提示信息对程序进行调整。

需要提醒初学者注意的是,编译通过仅仅是指编写的程序符合 C++ 的语法,编译系统生成了对应的可执行文件。程序的正确性应是编写的程序能正确完成规定的任务。即设计出来的算法必须能正确求解给定的问题。对合法的输入数据,程序将产生符合要求的输出结果。对非法的输入数据,程序将输出相应的提示出错信息。

6．关闭、打开工程和工程文件

当前工程调试结束,准备创建下一个工程时,应将当前工程关闭,操作方法为选择菜单 File→Close Workspace。

在创建工程后,Visual C++ 6.0 将在指定的目录中创建相应的文件。使用资源管理器打开创建工程时指定的 Location 目录,如图 1.2 所示。该目录下有一些文件,文件的不同后缀名表示该文件的不同的作用。

(1) *.dsp:MFC 生成的项目工程文件,它记录当前项目的相关信息,例如:项目包含的文件、编译开关等。

(2) *.dsw:MFC 生成的工作区文件,用于记录当前工作区包含的 dsp 文件。

(3) *.cpp:源程序代码 C++ 文件。

(4) *.h:头文件,在多文件组织中用以包含函数和全局变量的声明。

对于 Visual C++ 6.0 的 Win32 Console Application 工程而言,若需备份,可只保存 *.dsw、*.dsp、*.cpp、*.h 类型的文件。

当下一次需重新打开该项目文件时,选择菜单 File→Open Workspace,弹出如图 1.7 所示的对话框,并选择相应的 dsw 文件即可。

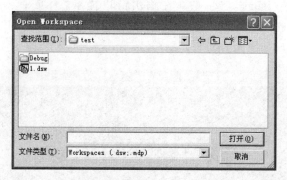

图 1.7 Open Workspace 对话框

1.3 实 验 指 导

1.3.1 表达式求解

1. 题目要求

编写 C++ 程序,使之调用下列输出语句,观察其输出结果并解释。

2. 程序代码

```
cout<<10<<hex<<10<<oct<<10<<dec<<10<<endl;
cout<<"abcd\0ef"<<"1234\056"<<endl;
cout<<'A'+5<<char('A'+5)<<endl;
cout<<5<<2<<(5<<2)<<endl;
cout<<(5,2)<<5,2;
```

1.3.2 整除与求余数运算符

1. 题目要求

编程实现从键盘上输入一个 3 位数的整数,分别输出该整数的百位数、十位数和个位数。

2. 分析

对于一个整数,求个位数的最简便的方法是将该数除以 10 求余数。

求十位数则可考虑对该数整除 10 后再除以 10 求余;而对于一个 3 位数的整数,求百位数的最简便的方法是将这个数整除 100。

3. 思考

对于整数 x,表达式$(x-x/10*10)$的值与 x 之间的关系是什么?

1.3.3　条件运算符

1. 题目要求

编程实现从键盘输入三个整数,输出三个整数的中间值。

2. 分析

可先使用条件运算符分别求出前两个数的大值和小值,分别赋予变量 tmax 和 tmin。再将变量 tmax 与第三个数进行比较,若 tmax 小于第三个数,则三个整数的中间值等于 tmax;若 tmax 大于第三个数,则三个整数的中间值等于 tmin 与第三个数之间的大值。这一步可采用条件运算符的嵌套来实现。

1.3.4　sizeof 运算符

编程实现使用 sizeof 运算符获得 int、short int、float、double、char 变量的所占内存的字节数。

实验 2　　选 择 结 构

2.1　概　　述

1. 目的要求

(1) 掌握 Visual C++ 的单步调试方法。

(2) 掌握 if 语句、if else 语句和 switch 语句。

(3) 掌握选择结构的 N-S 图和将 N-S 图转换成程序的方法。

2. Visual C++ 6.0 单步调试方法

3. 案例内容

(1) 使用 N-S 图分析程序。

(2) 将 N-S 图转换成 C++ 程序。

4. 实验内容

(1) 变量排序。

(2) 三角形类型判别。

(3) 货价计算。

2.2　Visual C++ 6.0 单步(Step Over) 调试方法

　　通常编程语言的开发环境都提供单步调试的方法,可用于查看、跟踪程序的运行步骤。Visual C++ 提供两种单步调试方法:Step Over(快捷键为 F10)和 Step Into(快捷键为 F11)。

　　Step Into 在单步执行时,遇到子函数时就进入并且继续单步执行;Step Over 是在单步执行时,在函数内遇到子函数时不会进入子函数内单步执行,而是将子函数整个执行完再停止,也就是把子函数整个作为一步。函数的概念将在后续章节中介绍。本实验采用 Step Over 调试方式。输入程序如下:

```
#include<iostream.h>
void main()
{
    int x;
    cout<<"请输入 x 的值:\n";
    cin>>x;
    if(x<0)
        x=-x;
    cout<<"绝对值为:"<<x<<'\n';
}
```

上述程序编译通过后,按 Step Over 的快捷键 F10,系统就会进入调试状态。调试过程中,Visual C++的编辑窗口会显示正在调试的源程序,在窗口的左侧会显示箭头($\Rightarrow$),该箭头指向的是系统下一步将要执行的语句,如图 2.1 所示。

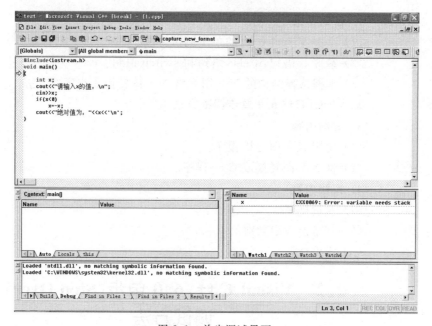

图 2.1 单步调试界面

连续按 Step Over 的快捷键 F10,可观察到箭头不断下移,指向下一步将要执行的语句。

当箭头移到"cin>>x;"时,按 Step Over 的快捷键 F10,此时箭头不移动,这是因为运行窗口在等待输入。因此应切换到运行窗口,并输入数据按回车键后,可观察到箭头移至下一行。

如输入的 x 小于 0,但箭头指向"if(x<0)"这一行程序时,按快捷键 F10,箭头移向下一行"x=-x;"。说明当 x 小于 0 时,"x=-x;"语句被运行。

如输入的 x 大于 0,但箭头指向"if(x<0)"这一行程序时,按快捷键 F10,箭头越过下一行"x=-x;"。说明当 x 大于 0 时,"x=-x;"语句未被运行。

2.3　案　例

案例 1　使用 N-S 图分析程序

N-S 图是编程过程中常用的一种分析工具,是一种结构化的流程图。

例如,在主教材例 3.3 中,要求编写程序实现从键盘上输入一字符,若该字符为英文小写字母,则转换为大写字母;若该字符为英文大写字母,则转换为小写字母。

但给出的程序编译执行后,从运行结果可以看出,当输入大写字母时,程序可将字符转换成小写字母并输出,符合程序要求;但输入小写字母时,程序输出的还是小写字母,不符合程序要求。

通过阅读程序查找错误不是很直观,可将该程序转换成 N-S 图(如图 2.2 所示),并通过查看 N-S 图来查找程序的错误。

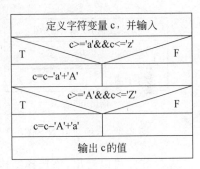

从图 2.2 中可以看出,当 c>='a'&&c<='z'时,在执行第一个分支结构时,c 被转换为大写字符;在执行第二个分支结构时,此时 c 为大写字符,满足 c>='A'&&c<='Z'条件,c 又被转换为小写字符。

当然上述程序的错误,也可采用单步跟踪的方式进行查找。请根据 2.2 节讲述的内容对程序进行单步跟踪调试。

图 2.2　主教材例 3.3 的 N-S 图

案例 2　将 N-S 图转换成 C++ 程序

编写程序的基本要求有两点:一是语法正确,保证程序符合 C++ 的语法要求,编译系统能生成相应的可执行文件;二是保证算法正确,使得程序符合题目要求。对于初学者而言,往往不能很自如地写出算法和语法都正确的程序。

N-S 图作为一种分析工具,可以直观地表示算法。N-S 图的另一个优点是其转换成 C++ 程序十分方便。因此初学者在编写程序时,应首先使用 N-S 图(或流程图等)直观地描述相应的算法,再将 N-S 图转换成相应的程序。即先考虑算法,再考虑语法,使得编程工作变得简单。

1. 将 N-S 图转换成单选 if 语句

【例 2.1】　求绝对值。

求绝对值的 N-S 图如图 2.3 所示。

从 N-S 图可以看出,对于判断条件"i<0"的"F"这一分支,无需做任何操作,因此程序应采用单选 if 语句。完整的程序如下:

```
# include<iostream.h>
void main()
{
```

```
    int i;
    cout<<"请输入一个整数:";
    cin>>i;
    if(i<0)
        i=-i;
    cout<<"|i|="<<i<<'\n';
}
```

2. 复合语句

【例 2.2】 定义整型变量 a、b,从键盘上输入值。若 a>b,则将两变量值互换。N-S 图如图 2.4 所示。

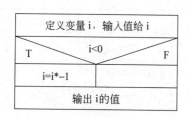

图 2.3　求绝对值 N-S 图

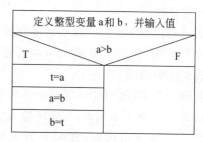

图 2.4　变量 a、b 排序

从 N-S 图可以看出,该选择结构的"T"分支包含三条语句,而 if 语句的条件表达式后必须是单条语句,因此应使用{}将这三条语句转换成一个复合语句。程序如下:

```
#include<iostream.h>
void main()
{
    int a,b;
    int t;
    cout<<"请输入两个变量的值";
    cin>>a>>b;
    if(a>b)
    {
        t=a;
        a=b;
        b=t;
    }
    cout<<"a="<<a<<"\tb="<<b<<'\n';
}
```

3. 将 N-S 图转换成双选— if 语句

【例 2.3】 定义一整型变量 a,从键盘上输入一大于等于 0、小于等于 15 的值赋给变量 a,并将其按十六进制的形式转换成对应的字符并赋给字符变量 c。例如整数 0 转换为字符'0',整数 5 转换为字符'5',整数 10 转换为字符'A',整数 15 转换为字符'F'。

分析:所谓将整数转换为对应的字符,是指将整数转换为对应字符的 ASCII 码值,其

N-S 图如图 2.5 所示。

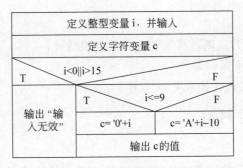

图 2.5　将整数按十六进制形式转换成对应字符 N-S 图

从图中可以看出，该 N-S 图是由两个选择结构嵌套而成。每个选择结构的两个分支都有相应的操作。因此应采用双选一 if 语句，即 if else 语句。需要注意的是对于判断条件为 i<0||i>15 的选择结构而言，其"F"分支由一个选择结构语句和一个输出语句组成，应采用复合语句。其程序如下所示：

```cpp
#include<iostream.h>
void main()
{
    int i;
    char c;
    if(i<0||i>15)
        cout<<"输入无效\n";
    else
    {
        if(i<=9)
            c='0'+i;
        else
            c='A'+i-10;
        cout<<"转换后的字符为"<<c<<'\n';
    }
}
```

2.4　实验指导

2.4.1　变量排序

1. 题目要求

定义三个整型变量 a、b、c，并从键盘上输入三个变量，要求将变量 a、b、c 按大小顺序排列，并输出。

2. 分析

可考虑按例 2.2 的方法，对变量 a、b 进行排序。再将 c 分别与变量 a、b 进行比较。

（1）若 c 大于 a，则可作如下操作：

t=a；a=c；c=b；b=t；

（2）若 c 大于 b、小于 a，则可将 b 和 c 的值互换即可；

（3）若 c 小于 b，则不做调整。

请画出 N-S 图，并将其转换成 C++ 程序。

2.4.2 三角形类型判别

1. 题目要求

从键盘上输入三角形的三条边长，并判断其三条边是否能组成三角形。若能组成三角形则判断其类型并输出，类型分为等边三角形、等腰三角形、直角三角形以及等腰直角三角形。

2. 分析

根据几何的常识，等边三角形的判别依据是三角形的三条边边长是否相等，等腰三角形的判别依据是三角形是否存在两条边边长相等，而直角三角形的判别依据是三角形的三条边边长是否满足勾股定理。

请画出本题的 N-S 图，并将其转换成 C++ 程序。

3. 思考

读者须注意的是避免输入等边三角形的边长时，程序同时输出"等边三角形"和"等腰三角形"的情况。同样当三角形为等腰直角三角形时，程序应避免同时输出"直角三角形"、"等腰三角形"和"等腰直角三角形"的情况。

2.4.3 货价计算

1. 题目要求

设一商品的单价为 10 元，一次性购买 50 个以上，打 9.5 折；一次性购买 100 个以上，打 9 折；一次性购买 200 个以上，打 8.5 折。编制一程序，从键盘上输入需购买商品的数量，并输出总的货价。要求分别使用 if 语句和 switch 语句实现。

2. 思考

（1）对比程序，请说出 if 和 switch 语句各自适用的场合和优点。

（2）请说出 if 和 switch 语句在什么场合下能相互转换。

实验 3 循环结构

3.1 概 述

1. 目的要求

(1) 掌握 Visual C++ 下的断点设置和变量监视方法。

(2) 掌握 while 语句、do while 语句和 for 语句。

(3) 掌握 break 语句和 continue 语句的用法。

(4) 掌握循环结构的 N-S 图以及将 N-S 图转换成程序的方法。

2. Visual C++ 6.0 断点设置和变量监视方法

3. 案例内容

从键盘上输入 n 的值,求表达式 $1!+2!+3!+ \cdots +n!$ 的值。

4. 实验内容

(1) 整数的逆序转换。

(2) 输出图形。

(3) 猴子吃桃。

(4) 判断是否为降序数。

3.2 Visual C++ 6.0 断点设置和变量监视

1. 断点设置

断点(breakpoint)是指在调试过程中,只要运行到断点处,系统就会自动停下,断点通常与 go 命令和 Step Over 命令配合使用。

设置断点的方法:在程序代码中,移动到需要设置断点的那一行上,按 F9 键,可以看到代码行的左端出现了一个圆点——那是 VC++ 中断点的标志,以后程序在调试过程中,每次执行到这里都会停下,方便用户观察 Watch 变量窗中的内容(Watch 变量窗稍后将介绍)。

去除断点的命令与设置断点的命令相同:在已设置断点的地方,再按一次 F9 键,左端的圆点就消失,断点被去除了。

2. 其他常用的调试命令

（1）run to cursor 命令

快捷键：Ctrl＋F10。系统将自动执行到用户光标所指的语句前。

（2）Go 命令

快捷键：F5。系统将编译、连接、自动运行程序，但是会在程序设置的断点（breakpoint）处停下。

（3）Stop debug 命令

快捷键：Shift＋F5。本命令是用来终止动态调试过程的。

3. 变量监视

在调试状态下，Visual C++ 6.0 的界面在下方会出现两个监视窗口，分别为自动变量监视窗和 Watch 窗，如图 3.1 所示。

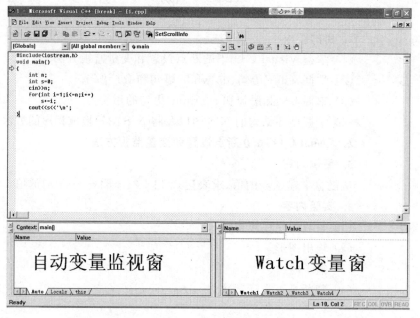

图 3.1 Visual C++ 6.0 调试界面

（1）自动变量监视窗

自动变量监视窗中显示系统自动跟踪的变量。列表框共两栏，左边栏显示变量名，右边栏显示变量的值。

自动变量监视窗有三个选项卡，系统默认选择 Auto 选项卡。

若选中 Auto 选项卡，自动变量监视窗中显示的是在上一步执行过程中值发生改变的变量。

若选中 Locals 选项卡，自动变量监视窗中显示的是当前函数中的所有变量。

（2）Watch 变量窗

通常仅仅只有自动变量监视窗所监视的变量是不够的，有时需要自己定义一些需要跟踪的变量或表达式。此时可在 Watch 变量窗中输入变量名或合法的表达式来进行跟踪。

Watch 变量窗支持大部分的符合 C++ 语法的表达式,但逗号运算符表达式和条件运算符表达式除外。此外 Watch 变量窗应避免使用自增量和赋值之类有可能改变变量值的运算符。

Watch 变量窗还支持函数的调用,函数的概念将在下面介绍。

3.3　案　　例

案例 3　用递推法求阶乘多项式和

1. 问题的提出

从键盘上输入 n 的值,求表达式 $1!+2!+3!+ \cdots +n!$ 的值。

2. 分析

整个表达式可以看成是 n 项表达式的和。因此可使用一循环实现 n 项表达式的相加。而对第 i 项表达式而言,其为 i 的阶乘,也可使用循环实现。N-S 图如图 3.2 所示。

对题目要求进行进一步的分析,发现相加的各项存在相关性,即第 i 项表达式的值是在第 i-1 项表达式的值的基础上乘上 i。改进后的算法的 N-S 图如图 3.3 所示。

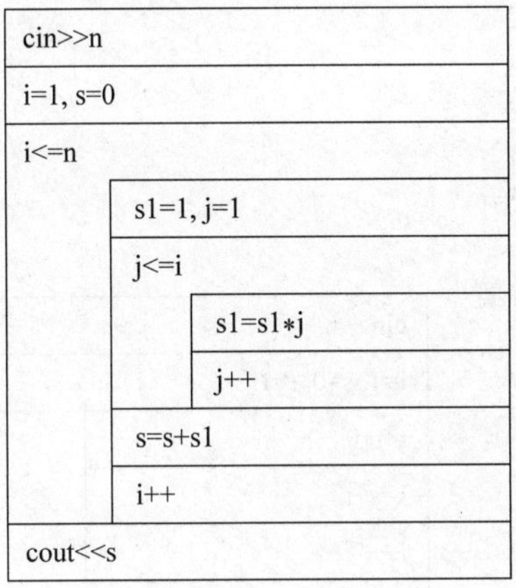

cin>>n
i=1, s=0
i<=n
s1=1, j=1
j<=i
s1=s1*j
j++
s=s+s1
i++
cout<<s

cin>>n
i=1, s=0, t=1
i<=n
t=t*i
s=s+t
i++
cout<<s

图 3.2　求 $1!+2!+3!+ \cdots +n!$ 的 N-S 图 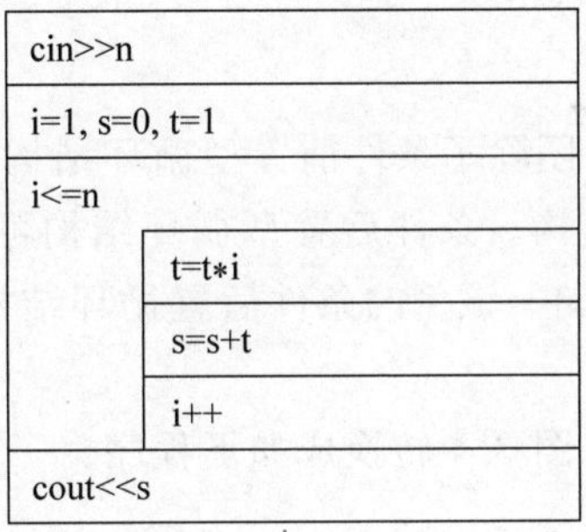　　　图 3.3　改进后的求 $1!+2!+3!+\cdots+n!$ 的 N-S 图

图 3.3 中的循环结构是条件前置型循环结构,可方便地转换成 while 语句。程序如下:

```
#include<iostream.h>
void main()
{
    int n,s,i,t;
    cin>>n;
    i=1;s=0;t=1;
    while(i<=n)
    {
```

```
        t=t*i;
        s+=t;
        i++;
    }
    cout<<"1!+2!+…+"<<n<<"!="<<s;
}
```

条件前置型循环结构也可转换为 for 语句。for 语句中的表达式 1 在循环外执行,通常用于循环相关变量的初始化。循环结构中的条件表达式相当于 for 语句中的表达式 2。for 语句中的表达式 3 是循环体最后执行的语句,通常用以改变循环的控制变量。因此图 3.3 中的循环结构也可转换为 for 语句。程序如下:

```
#include<iostream.h>
void main()
{
    int n,s,i,t;
    cin>>n;
    s=0;t=1;
    for(i=1;i<=n;i++)
    {
        t*=i;
        s+=t;
    }
    cout<<"1!+2!+…+"<<n<<"!="<<s;
}
```

N-S 图除了条件前置型循环结构外,还有条件后置型循环结构。条件后置型循环结构可方便地转换为 do while 语句。该例的条件后置循环结构 N-S 图如图 3.4 所示。

可将图 3.4 转换成如下程序:

```
#include<iostream.h>
void main()
{
    int n,s,i,t;
    cin>>n;
    i=1;s=0;t=1;
    do
    {
        t=t*i;
        s+=t;
        i++;
    }while(i<=n);
    cout<<"1!+2!+…+"<<n<<"!="<<s;
}
```

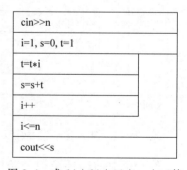

图 3.4　求 1!+2!+3!+…+n!的
　　　　循环条件后置 N-S 图

3.4 实验指导

3.4.1 整数的逆序转换

1. 题目要求

设计一个程序,输入一个整数,并将其反序转换成另一个整数。例如:输入 12345,则转换成 54321。

2. 分析

反序输出一个整数 n,首先应输出个位数,即输出 n%10,再将 n 缩小 10 倍。继续上述过程,直至 n 的值变为 0 为止。

请画出本题的 N-S 图,并将其转换成 C++ 程序。

3.4.2 输出图形

1. 题目要求

编写一个程序,打印如图 3.5 所示图案。

从键盘输入一个正整数 n,输出 n 行图案。

2. 分析

从题意上看,要输出 n 行的图案,需要用一循环控制输出各行,控制变量从 1 变化到 n,在循环体内实现各行的输出。

图 3.5 由星号组成的图案

在输出某一行时,首先应输出星号前的空格,再输出星号,最后输出一个换行符。从题意可以得出,对于 i 行而言,应首先输出 n−i 个空格,再输出 2*i−1 个星号,最后输出一个换行符。

综上所述,本程序应采用循环的嵌套。最外层循环用于控制输出各个行,而该循环的循环体由两个循环语句和一个输出换行语句组成,其中第一个循环语句用于控制输出空格的数量,第二个循环语句用于控制输出星号的数量。

请画出本题的 N-S 图,并将其转换成 C++ 程序。

3. 思考

设计嵌套循环程序的关键之一是理清内层循环的循环控制变量与外层循环控制变量之间的关系。如本题以及主教材的例 3.16 等程序中,内层循环的循环控制变量变化范围由外层循环控制变量决定,而主教材的例 3.17 等程序中,内层循环的循环控制变量变化范围与外层循环控制变量无关。请读者总结相应的规律。

3.4.3 猴子吃桃

1. 题目要求

猴子第一天摘了若干桃子,当即吃了一半还不过瘾,又多吃了一个。第二天又将剩下的桃子吃掉一半,又多吃了一个。以后每天都吃了前天剩下的一半再加一个。到第 10 天想再吃时,就只剩下 1 个桃子了。问:猴子第一天共摘了多少桃子?

2. 分析

从题意上看,第 n−1 天的桃子的数量等于(第 n 天的桃子的数量＋1)×2。因此可以根据第 10 天桃子的数量求出第 9 天桃子的数量,根据第 9 天桃子的数量求出第 8 天桃子的数量,以此类推。

需要注意的是,本题中循环只需 9 次,而非 10 次。

请画出本题的 N-S 图,并将其转换成 C++ 程序。

3.4.4　判断降序数

1. 题目要求

降序数是指该数的低位数字不大于高位数字,如 74,853,666 都是降序数,只有一位的数也是降序数。

2. 分析

可考虑定义一整型变量 t,并初始化为 0。取低位的数(即将该数除以 10 求余)与 t 比较,若低位的数大于 t,则将低位的数赋予 t,将该数缩小 10 倍(即对该数整除 10),继续上述步骤,直至该数为 0 为止。若循环过程中有低位的数小于 t 的情况,则终止循环,该数不是降序数。

请画出本题的 N-S 图,并将其转换成 C++ 程序。

3. 思考

取整数各位上的数据,最方便的方法就是使用循环,每次循环中提取整数个位上的数后,将该整数整除 10,继续循环直至该整数被整除至 0 为止。

该题也可从整数的高位开始判断,请读者考虑如何实现。

实验 **4** 流程控制综合实验

4.1 概　　述

1. 目的要求

掌握常用的算法设计方法:枚举法、递推与迭代法。

2. 案例内容

(1) 枚举法示例。

(2) 递推与迭代法示例。

3. 实验内容

(1) 求亲密对数。

(2) 求满足 $1^2+2^2+3^2+\cdots+n^2<10000$ 的 n 的最大值。

(3) 计算分数序列之和。

(4) 利用级数展开式计算 $\cos x$。

(5) 求方程的解。

4.2 案　　例

案例 4 枚举法示例

1. 题目要求

编写程序,计算用一元、二元、五元组合成十六元共有多少种组合。

2. 分析

本题可采用枚举法。枚举法的基本思想是,在有限范围内列举所有可能的结果,找出其中符合要求的解。

与教材中的百鸡问题不一样,本题对组合的钱币的个数未加限制,另一方面,当二元和五元组合小于等于 16 时,剩下的部分总能用对应数量的一元补齐。

根据上述分析画出 N-S 图,如图 4.1 所示。

3. 程序

根据 N-S 图,编写程序如下:

```cpp
#include<iostream.h>
void main()
{
    int s=0;
    for(int Y2=0;Y2<=8;Y2++)
        for(int Y5=0;Y5<=3;Y5++)
            if(2*Y2+5*Y5<=16)
                s++;
    cout<<"共有"<<s<<"种组合\n";
}
```

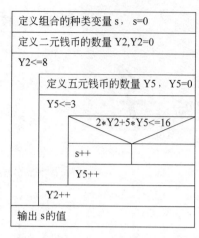

图 4.1　求 16 元有多少种组合 N-S 图

案例 5　递推迭代法

1. 题目要求

一球从 100m 高度自由落下,每次落地后反跳回原高度的一半,再落下;求它在第 10 次落地时,总共运动了多少米? 第 10 次反弹多高?

2. 分析

球的每次反弹的高度与上一次的高度有关,因此本题适用迭代与递推算法。

迭代与递推算法是通过问题的一个或多个已知的解,用同样的方法逐个推算出其他的解。

需要提醒注意的是球在第 10 次落地时,共经过的距离除了包括 10 次反弹与落地的距离外,还包括第一次的 100m。N-S 图如图 4.2 所示。

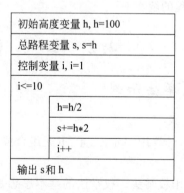

图 4.2　递推迭代法求球运动距离和反弹高度 N-S 图

3. 程序

根据 N-S 图,编写程序如下:

```cpp
#include<iostream.h>
void main()
```

```
{
    float h=100;
    float s=h;
    for(int i=1;i<=10;i++)
    {
        h=h/2;
        s+=2*h;
    }
    cout<<"第 10 次反弹的高度为"<<h<<"米\n";
    cout<<"球总共运动了"<<s<<"米\n";
}
```

4.3 实验指导

4.3.1 求亲密对数

1. 题目要求

求 400 以内亲密对数,所谓亲密对数是指:若正整数 A 的所有因子(包括 1 但不包括自身,下同)之和为 B,而 B 的因子之和为 A,则称 A 和 B 为一对亲密对数。

2. 分析

本题可以采用枚举法,可在[3,400]区间内枚举所有的整数,检查其是否属于某一亲密对数。检查的方法是先求出该数的因子和,再判断该数因子和的因子和是否等于该数,若相等则为亲密对数。

请画出本题的 N-S 图,并将其转换成 C++ 程序。

4.3.2 求满足 $1^2 + 2^2 + 3^2 + \cdots + n^2 < 10\,000$ 的 n 的最大值

本题可以采用枚举法,从 1 开始枚举所有的整数计算 $1^2+2^2+3^2+\cdots+n^2$ 求和,当和大于 10 000 时,终止循环。

需要注意的是满足 $1^2+2^2+3^2+\cdots+n^2 < 10\,000$ 的 n 的最大值和结束循环时 n 的值之间的关系。

请画出本题的 N-S 图,并将其转换成 C++ 程序。

4.3.3 计算分数序列之和

1. 题目要求

计算以下分数序列的前 n 项之和。

$$\frac{2}{1}, \frac{3}{2}, \frac{5}{3}, \frac{8}{5}, \frac{13}{8}, \frac{21}{13} \cdots$$

2. 分析

本题可采用递推的方法。从题目可以看出后一项的分母为前一项的分子,而后一项的分子为前一项分母和分子之和。

请画出本题的 N-S 图,并将其转换成 C++ 程序。

3. 思考

请读者思考在定义表示分子和分母变量时,应采用何种数据类型。

4.3.4 利用级数展开式计算 cos*x*

1. 题目要求

利用级数展开式计算 cos*x* 的幂级数,要求精度达到 0.00001。

$$\cos x = 1 - \frac{x^2}{2!} + \frac{x^4}{4!} - \frac{x^6}{6!} + \cdots + (-1)^n \frac{x^{2n}}{(2n)!} \cdots$$

2. 分析

本题可用递推的方式求解。若将最前面的项 1 视作第 0 项,则从表达式可以看出第 n 数据项是在第 $n-1$ 数据项的基础上乘上 $(-x*x)/((2*n-1)*2*n)$。循环执行该计算,直至该项的绝对值小于 0.00001。

请画出本题的 N-S 图,并将其转换成 C++ 程序。

4.3.5 求方程的解

1. 题目要求

方程 $\cos(x/2) - \sin x = 0$ 在区间 $(0, \pi/2)$ 中有一解,在该区间中求该方程近似解,要求精度达到 0.00001。

2. 分析

根据数学的常识可知:在区间 $(0, \pi/2)$ 中,当 x 小于方程的解,则表达式 $\cos(x/2) - \sin x$ 的值大于 0;当 x 大于方程的解,则表达式 $\cos(x/2) - \sin x$ 的值小于 0。

本题可用递推的方式以二分法求解。定义三个变量 x0、x1、x2,并初始化 x0 的值为 0,x1 的值为 $\pi/2$。计算:x2 = (x0+x1)/2 和 $\cos(x2/2) - \sin(x2)$,若表达式 $\cos(x2/2) - \sin(x2)$ 大于 0,则解在 $[x2, x1]$ 区间内,执行 x0 = x2;若表达式 $\cos(x2/2) - \sin(x2)$ 小于 0,则解在 $[x0, x2]$ 区间内,执行 x1 = x2。循环执行该计算,直至 $\cos(x2/2) - \sin(x2)$ 的绝对值小于 0.00001。

请画出本题的 N-S 图,并将其转换成 C++ 程序。

3. 思考

求解连续函数的方程解的方法还有很多,这些方法的实质就是使用递推迭代的方法逐渐逼近方程的解。弦截法是另一种解方程的基本方法,在计算机编程中常用。请读者自行查阅弦截法求解方程的方法,并编程实现。

实验 **5** 函数的定义和调用

5.1 概 述

1. 目的要求

掌握函数的定义和调用。

2. Visual C++ 6.0 的函数调试方法

3. 案例内容

求 400 以内亲密对数。

4. 实验内容

(1) 求 400 以内素数。

(2) 哥德巴赫猜想。

(3) 求质因子之和。

(4) 变量排序。

5.2 Visual C++ 6.0 的函数调试

在实验 2 中提到 Visual C++ 6.0 提供两种单步调试方式：Step Over (快捷键为 F10) 和 Step Into (快捷键为 F11)。

Step Over 在单步执行时，当函数内遇到子函数时不会进入子函数内单步执行，而是将子函数整个执行完再停止，即将子函数整个作为一步；而 Step Into 在单步执行，遇到子函数就进入并且继续单步执行。

输入如下程序：

```
#include<iostream.h>
int f(int n)
{
    return n * n * n;
}
void main()
{
```

```
    int s=0;
    for(int i=1;i<=10;i++)
        s=s+f(i);        //A
    cout<<s<<'\n';
}
```

编译通过后,按 Step Over(快捷键为 F10)或 Step Into (快捷键为 F11)进行单步跟踪。当表示当前运行语句的箭头(⇨)移至 A 行时,若按 F10,则 Visual C++ 将"s=s+f(i);"作为一条语句运行;若按 F11 键,则 Visual C++ 进入子函数,并进行跟踪,此时表示当前运行语句的箭头移至 f 函数的起始位置,如图 5.1 所示。

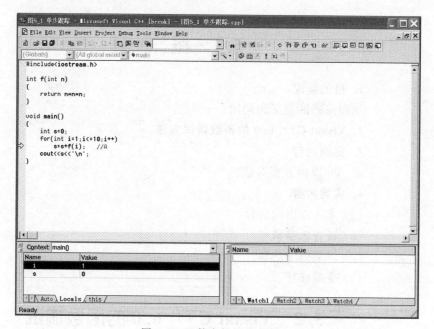

图 5.1 函数内部的单步跟踪

此外也可以通过在函数的第一行设置断点,并采用 go(快捷键为 F5)的方式快速进入函数进行调试。

在 Watch 变量窗中,也可输入函数的调用。程序员可根据函数调用的返回值是否正确以决定是否需要进入函数跟踪。如在 Watch 变量窗中输入 f(i),见图 5.2,可观察到随着 i 的变化,其返回值跟着变化。

总之,灵活应用各种调试手段,将有助于程序员快速定位程序错误,提高调试程序的效率。

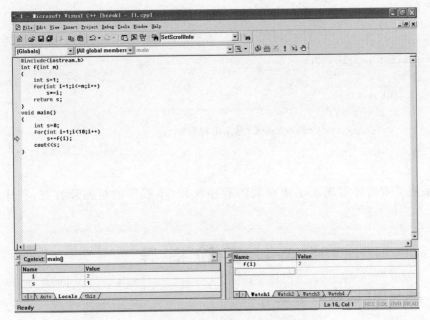

图 5.2　使用 Watch 变量窗跟踪函数结果

5.3　案　　例

案例 6　求亲密对数

1. 题目要求

求 400 以内亲密对数。

2. 分析

"求 400 以内亲密对数"是 4.3 节的实验内容之一,在该实验中,首先采用枚举法,枚举[3,400]区间的整数 n。在循环体中,再次使用枚举法,枚举[1,n−1]区间的整数,判断其是否为 n 的因子,若是则加到累加和 s 中。然后再使用上述方法,求 s 的因子和,并判断其是否等于 n,若是,则 n 与 s 为一对亲密对数。上述算法采用二重循环实现。

该算法中,求因子和的算法功能相对独立,且被调用两次。因此可将求因子和的算法设计成函数。程序如下:

```
#include<iostream.h>
int f(int n)
{
    int s=0;
    for(int i=;i<s;i++)
        if(n%i==0)
            s+=i;
    return s;
```

```
    }
    void main()
    {
        for(int i=3;i<400;i++)
        {
            int m=f(i);
            if(i==f(m))
                cout<<i<<"和"<<m<<"是亲密对数\n";
        }
    }
```

与采用二重循环实现求亲密对数的程序比较,本程序的可阅读性好,程序更加模块化。

5.4 实验指导

5.4.1 求 400 以内的素数

1. 题目要求

求 400 以内的素数。要求使用函数实现判断某数是否为素数。

2. 分析

首先编制函数判断某数是否为素数,若是素数,则返回 1;若不是素数,则返回 0。

在主函数中,采用枚举的方法,将[3,400]的所有的整数作为函数的实参,通过函数的返回值判断其是否为素数。

5.4.2 哥德巴赫猜想

1. 题目要求

哥德巴赫(1690—1764)是德国数学家,他提出"任一大于 2 的偶数,都可表示成两个素数之和"。例如:$4=2+2,6=3+3,8=3+5,10=3+7=5+5$。

编制程序,实现从键盘上输入一大于 2 的偶数,并将该偶数分解成两个素数相加。

2. 分析

首先可设计一个函数用以判断某数是否为素数。

在主函数中,从键盘上输入偶数 n 的值后,采用枚举的方法,对[2,n/2]的所有的整数 i,判断 i 和 n−i 是否都为素数,若都为素数,则枚举结束。

5.4.3 求质因子之和

1. 题目要求

从键盘上输入一整数,并求该整数的质因子和。例如:$20=2\times2\times5$,其质因子和为 $2+2+5$,即 9。要求使用函数计算整数的质因子和。

2. 分析

求整数 n 的质因子和的算法 N-S 图如图 5.3 所示。

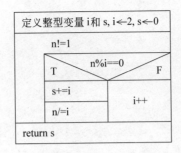

图 5.3　求整数 n 的质因子之和的 N-S 图

5.4.4　变量排序

1. 题目要求

在主函数中定义三个整型变量 a、b、c，并从键盘上输入三个变量的值。再定义一个函数，实现将变量 a、b、c 按大小顺序排列。

2. 分析

排序的算法描述可参见 2.4 节。需要注意的是，普通的函数实参与形参之间采用值传递，也即在函数中对形参的值进行排序，对实参无影响，因此本题应采用引用传递。

3. 思考

请读者总结引用传递的特点及其适用场合。

实验 *6*

递 归 函 数

6.1 概 述

1. 目的要求

掌握递归函数设计和分析方法。

2. Visual C++ 6.0 的 Call Stack

3. 案例内容

整数的十二进制正序输出。

4. 实验内容

(1) 整数的十二进制逆序输出。

(2) 递归求公约数。

(3) 递归求级数数据项。

(4) 求 n 阶勒让德多项式的值。

6.2 Visual C++ 6.0 的 Call Stack

在主教材的 4.11 节介绍了函数调用与栈之间的关系,函数在调用时,分别将实参、函数的返回地址等需要保护的数据压入栈中,并在栈中分配自动变量;函数在返回时,首先释放栈中自动变量的空间,再分别将函数的返回地址等数据从栈中弹出。

Visual C++ 6.0 中提供了观测函数调用栈(Call Stack)的手段,选择菜单 View→Debug Windows→Call Stack,Visual C++ 6.0 上方将显示"Call Stack 观察窗",如图 6.1 所示。

在"Call Stack 观察窗"可以观察到函数的嵌套调用情况,其中"Call Stack 观察窗"中的最上的一行表示当前调用的函数。

例如,在 Visual C++ 中输入如下程序:

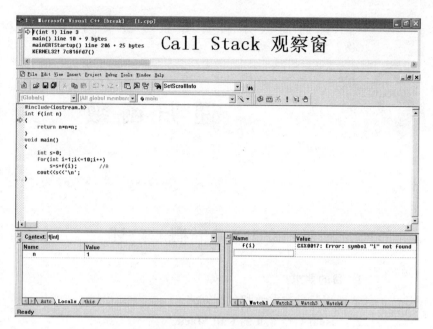

图 6.1　Call Stack 观察窗

```cpp
#include<iostream.h>
int f(int n)
{
    if (n==1||n==0)
        return 1;                //A
    return n * f(n-1);           //B
}
void main()
{
    cout<<f(5)<<'\n';
}
```

在 A 行处设置断点,按 go(快捷键为 F5)调试程序,当箭头指向 A 行处时,可在"Call Stack 观察窗"中看到从下到上依次列出调用函数:main()、f(5)、f(4)、f(3) 、f(2)、f(1),如图 6.2 所示。

从图中可以看出,main 函数调用函数 f(5),而 f(5)递归调用了 f(4),f(4)递归调用了 f(3),f(3)递归调用了 f(2),f(2)递归调用了 f(1)。

选中"局部变量观察窗"的"Locals"选项卡,观察 n 的变化情况。当"Call Stack 观察窗"中最上的一行为 f(1)时,"局部变量观察窗"的 n 的值为 1。

按快捷键 F10,对程序进行单步调试,可发现程序从 f(1)函数返回到调用者 f(2),表示当前运行语句的箭头指向 B 行语句,此时"Call Stack 观察窗"中最上的一行为 f(2),"局部变量观察窗"的 n 的值为 2。

重复上述操作,请读者根据观察到的内容,结合主教材 4.11.3 节的内容,理解函数递

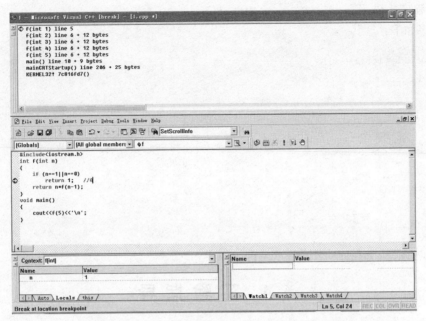

图 6.2 使用 Call Stack 观察窗观察函数的递归调用

归调用的原理以及与栈之间的关系。

6.3 案　　例

案例 7　用递归法进行进制转换

1. 问题的提出

使用递归函数实现正整数以十二进制形式正序输出。

2. 分析

递归函数的思想就是将一个复杂的问题逐步简化,最终分解成简单的问题。其有三大特征:

(1) 函数要直接或间接调用自身。

(2) 要有递归终止条件检查,即递归终止的条件被满足后,则不再调用自身函数。

(3) 如果不满足递归终止的条件,则调用涉及递归调用的表达式。在调用函数自身时,有关终止条件的参数要发生变化,而且需向递归终止的方向变化。

假设实现整数以十二进制形式正序输出的函数的原型声明为 void f(int n),则调用 f(n/12) 可实现(n/12)的十二进制形式正序输出,也即输出整数 n 十二进制形式的除最后一位外的前面几位。

由上可知,对于 f(n) 而言,当 n 小于 12 时,直接将数按十六进制输出即可,当 n 大于等于 12 时,可首先调用 f(n/12),输出十二进制形式的前几位,再将最后一位,即 n%12 按十六进制输出。

3. 程序代码

程序如下：

```
#include<iostream.h>
void f(int m)
{
    if(m>=12)
        f(m/12);
    cout<<hex<<m%12;
}
void main()
{
    f(1234);
}
```

6.4　实验指导

6.4.1　整数十二进制逆序输出

1. 题目要求

使用递归函数实现正整数以十二进制形式逆序输出。

2. 分析

对于 f(n) 而言，当 n 小于 12 时，直接将数按十六进制输出即可，当 n 大于等于 12 时，可首先输出最后一位，即 n%12 按十六进制输出，再调用 f(n/12)，以十二进制形式逆序输出 n/12。

3. 思考

使用递归算法实现数字分解的题还有很多，例如：求一个正整数的各位数字的和就可以方便地使用递归算法实现。请读者考虑实现的方法，并总结相应的规律。

6.4.2　递归求公约数

1. 题目要求

使用递归函数求两个整数的公约数。

2. 分析

在欧几里得的《几何原本》里，阐述了求两个正整数的最大公约数的方法，也称欧几里得算法。

欧几里得算法：给定两个正整数 m 和 n，求它们的最大公约数。

（1）m 除以 n，并令 r 为所得余数。

（2）若 r 等于 0，算法结束，n 即为 m 和 n 的最大公约数，否则转（3）。

（3）将 n 的值赋予 m，r 的值赋予 n，返回（1）。

设求两个整数的公约数的函数原型为"int f(int m,int n);"。对于 f(m,n) 而言，若 m

能被 n 整除,则直接返回 n;若 m 不能被 n 整除,则公约数由 f(n,m%n)计算。

6.4.3 递归求级数

1. 题目要求

利用级数展开式计算 $\cos x$ 的幂级数,精度达到 0.00001。

$$\cos x = 1 - \frac{x^2}{2!} + \frac{x^4}{4!} - \frac{x^6}{6!} + \cdots + (-1)^n \frac{x^{2n}}{(2n)!} + \cdots$$

要求级数中各个数据项使用递归函数"double f(float x,int n);"计算。

2. 分析

从表达式可以看出,f(x,0)直接返回 1 即可,而 f(x,n)是在 f(x,n−1)数据项的基础上乘上(−x∗x)/((2∗n−1)∗2∗n)。

6.4.4 求 n 阶勒让德多项式的值

1. 题目要求

用递归方法求 n 阶勒让德多项式的值,勒让德多项式公式为:

$$p_n(x) = \begin{cases} 1, & n=0 \\ x, & n=1 \\ ((2n-1)xp_{n-1}(x) - (n-1)p_{n-2}(x))/n, & n>1 \end{cases}$$

2. 分析

从公式可以很容易得出,第 n 阶勒让德多项式可转换成第 $n-1$ 阶和第 $n-2$ 阶勒让德多项式的表达式。而第 0 阶和第 1 阶对的勒让德多项式可直接给出结果。因此可方便地使用递归函数求解。

3. 思考

请读者另外使用递推算法求解 n 阶勒让德多项式,并比较两者的特点。

实验 **7** 编译预处理实验

7.1 概　　述

1. 目的要求

(1) 掌握宏定义、头文件包含等预编译指令。

(2) 熟悉多文件组织和条件编译。

(3) 掌握函数的重载和缺省参数。

(4) 掌握变量存储空间和作用域。

2. Visual C++ 6.0 的多文件组织

3. 案例内容

使用宏定义求三角形面积。

4. 实验内容

(1) 分别用带参数的宏和函数求梯形的面积。

(2) 使用无参函数输出 Fibonnaci 数列各项的值。

(3) 计算圆、矩形、梯形的面积。

7.2　Visual C++ 6.0 的多文件组织

在设计一个复杂的大程序时,常会把程序分为若干个模块,把实现一个模块的程序或数据放在一个文件中,也就是说一个完整的程序被存放在两个或两个以上的文件中时,称为多文件组织。

在 VC++ 6.0 中,一个应用程序对应一个工程(project)。当一个应用程序包含多个文件时,需将组成程序的所有文件都加到工程文件中,由编译系统自动完成多文件组织的编译和连接。

在创建源文件时直接加入工程。创建源文件时,选择 file 菜单下的 new,弹出新建对话框,将对话框中 Add to project 的复选框选上即可实现新创建的源文件加入到当前工程中,见图 1.4。

在工程中分别加入 f2.cpp、f2.h、f1.cpp 文件,其步骤如下:

（1）选择菜单 File→New，在弹出的对话框中选择 C++ Source File，并在 File 栏中填写 f2，即创建 f2.cpp 文件。并输入以下内容：

```
int f(int n)
{
    if (n==1||n==0)
        return 1;
    return n * f(n-1);
}
```

（2）选择菜单 File→New，在弹出的对话框中选择 C/C++ Header File，并在 File 栏中填写 f2，即创建 f2.h 文件。并输入以下内容：

```
int f(int n);
```

f2.h 是对应 f2.cpp 的头文件。一般而言，在 cpp 文件中对函数和全局变量进行定义，而在对应的 h 文件中给出全局变量的 extern 声明和函数的原型声明。若其他源程序中使用到相关函数或全局变量，只需将对应的 h 文件包含进来即可。

（3）创建 f1.cpp 文件。并输入以下内容：

```
#include<iostream.h>
#include "f2.h"
void main()
{
    cout<<f(5)<<'\n';
}
```

本例在 f1.cpp 中的 main 函数调用了在 f2.cpp 定义的 f 函数，因此需要在 f1.cpp 中

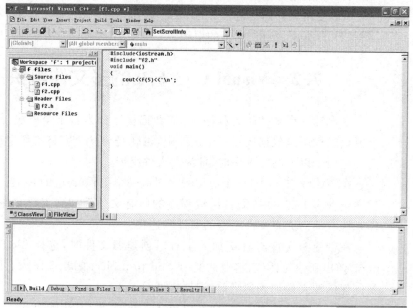

图 7.1　工程包含的文件

包含 f2.h。

　　单击"工作区窗口"的 FileView 选项卡,可在"工作区窗口"中观察到工程文件的包含情况,如图 7.1 所示。从图中可以看出,本工程中包含了 f2.cpp、f1.cpp 和 f2.h 三个文件。

7.3　案　　例

案例 8　宏定义示例

1. 题目要求

　　已知三角形的三条边 a、b、c,分别用带参数的宏和函数编写求三角形面积的程序。

公式为:$s=\dfrac{1}{2}(a+b+c)$,$area=\sqrt{s(s-a)(s-b)(s-c)}$。

2. 分析

　　根据题意,本题可采用带参数的宏定义。程序如下:

```
#include<iostream.h>
#include<math.h>
#define s(a,b,c) ((a)+(b)+(c))/2
#define AREA(a,b,c) sqrt((s(a,b,c)-a)*(s(a,b,c)-b)*(s(a,b,c)-c)*s(a,b,c))
void main()
{
    float a,b,c;
    cout<<"请输入三角形三个边长";
    cin>>a>>b>>c;
    cout<<"三角形的面积为:"<<AREA(a,b,c)<<'\n';
}
```

　　需要注意的是,宏定义 s(a,b,c)的替代正文中 a、b、c 三个参数都须被()括起来,否则的话,当宏调用的实参中出现比"+"运算符优先级更小的运算符(如三目运算符、逗号运算符)时,结果将与题意不符。

7.4　实验指导

7.4.1　计算梯形的面积

1. 题目要求

　　已知梯形的两条底的边长 a、b 与高 h,分别用带参数的宏和函数编写求梯形的面积的程序。

2. 分析

　　本题算法简单。在调用时,分别使用 $a=10$、$b=20$、$c=10$ 和 $a=5+5$、$b=10+10$、$c=5+5$ 两组参数,观察运行结果是否一致。

7.4.2 输出 Fibonnaci 数列各项的值

1. 题目要求

使用无参函数以输出 Fibonnaci 数列各项的值,例如第一次调用函数,输出 Fibonnaci 数列第一项的值;第二次调用函数,输出 Fibonnaci 数列第二项的值;以此类推。

2. 分析

可使用静态变量保留上次函数运行时的状态,在 Fibonnaci 函数中可定义三个静态变量,一个记录当前是第几项,另两个变量记录前两项数列的值。当项数小于等于 2 时,直接返回 1,当项数大于 2 时,根据记录前两项数列值的静态变量计算当前项数列的值,并在返回当前项数列值前更新函数中静态变量的值。

3. 思考

本题也可使用全局变量完成相应的功能,请读者实现相应的程序,并总结静态变量和全局变量的特点和适用场合。

7.4.3 计算圆、矩形、梯形的面积

1. 题目要求

编写计算面积的函数,分别计算圆、矩形和梯形的面积。

2. 分析

当实现功能相似,参数个数或类型不一样时,可采用重载函数。本题的重载函数原型声明如下:

```
double area(double radius);                 //计算圆面积函数,参数为半径
double area(double a, double b);            //计算矩形面积函数,参数为长和宽
double area(double a, double b, double h);  //计算梯形面积函数,参数为两底和高
```

3. 思考

本题中计算矩形面积函数和计算梯形面积函数的参数是否可设置缺省值?

实验 **8**

一维数组的基本处理

8.1 概 述

1. 目的要求

（1）掌握一维数组的定义、赋值和输入输出的方法。

（2）掌握数组元素的使用。

（3）掌握一维数组的基本应用。

2. 案例内容

根据期中成绩和期末成绩计算学生最终成绩。

3. 实验内容

（1）统计数组元素中正数、负数和零的个数。

（2）统计学生平均成绩。

（3）上浮策略的冒泡排序。

8.2 案 例

案例9 根据期中成绩和期末成绩计算学生最终成绩

1. 问题的提出

某门课程期中和期末考试各有一个成绩，最终成绩应该是期中和期末成绩的综合。本题假设期中占 30％，期末占 70％。

2. 分析

设班级人数为 30，需要 3 个一维数组保存数据，a 数组存放期中成绩，b 数组存放期末成绩，c 数组存放综合成绩，数组大小均为 30。

取得期中和期末成绩数据有三种方案：

（1）从键盘输入。

（2）数组定义时初始化赋值。

（3）用随机数赋值。

前两种方法需要"造"出 60 个成绩，本案例使用第三种方案，用随机数赋值。

使用随机数,程序要包含头文件 stdlib. h。为使随机数更"随机",可以在使用随机数函数 rand 之前先使用"随机数种子"函数 srand 播种一个随机数种子。为使随机数"真正"的"随机",要使用 time(0) 函数作为 srand 函数的参数,time 函数包含在头文件 time. h 中。根据本题的要求,用随机数函数 rand 生成的数应在 0 到 100 之间。

计算综合成绩的算法较为简单,计算公式为:$c[i]=0.3 * a[i]+0.7 * b[i]$。

计算完毕还需要输出,可以分别输出 a、b、c 数组。

3. 程序代码

```cpp
#include<iostream.h>
#include<stdlib.h>              //随机数函数 rand 和随机数种子函数 srand 需要
#include<iomanip.h>             //输出宽度函数 setw 需要
#include<time.h>                //srand 函数产生随机数种子时,参数 time 需要
#define N 30

void main()
{    int a[N],b[N],c[N];
     int i;
     srand(unsigned(time(0)));          //产生一个随机种子
//* * * * * * * * *产生期中、期末成绩,计算综合成绩
     for(i=0;i<N;i++)
     {    a[i]=rand()% 101;             //a[i]的值取自随机数,取值 0~100
          b[i]=rand()% 101;             //b[i]的值取自随机数,取值 0~100
          c[i]=a[i] * 0.3+b[i] * 0.7;   //计算综合成绩
     }
//* * * * * * * * *输出期中、期末成绩,计算综合成绩
     cout<<"期中成绩:\n";
     for(i=0;i<N;i++)
         cout<<setw(4)<<a[i];
     cout<<'\n';
     cout<<"期末成绩:\n";
     for(i=0;i<N;i++)
         cout<<setw(4)<<b[i];
     cout<<'\n';
     cout<<"综合成绩:";
     for(i=0;i<N;i++)
         cout<<setw(4)<<c[i];
     cout<<'\n';
}
```

time(0)返回的是系统的时间(从 1970.1.1 午夜算起),单位:秒。

4. 思考

一维数组使用的关键是"下标操作",通过下标的变化达到处理数组元素的目的。本

题在产生数据部分,三个数组元素处理共用一个循环变量,使得期中、期末和综合成绩的处理达到同步。

有时多个数组元素的处理不能同步,需要各自处理。如果本案例把产生期中成绩、期末成绩和计算综合成绩分开,各自使用一个循环,程序该如何变化? 与同步处理相比有什么优缺点?

8.3　实验指导

8.3.1　统计数组元素中正数、负数和零的个数

1. 题目要求

先定义具有 10 个元素的一维数组,再从键盘输入 10 个数据(负数、0、正数都有)作为数组元素,最后统计数组元素中正数、负数和零的个数。

2. 分析

本题要求做三件事情,定义数组、输入数据和统计数据。定义数组是一个独立的步骤,输入数据和统计数据可以同步处理,也可以分开,各自处理。同步处理程序紧凑,效率较高。分开处理条理清楚,易于调试。建议读者对同步处理和分开处理各编一个程序,比较一下,总结自己的感受。

统计三种类别的数据,需要定义三个整型变量以存放三个统计结果。可以使用三个单独的 if 语句,分别统计正数个数、负数个数和 0 的个数。也可以使用一个嵌套的 if…else if 语句完成统计工作。

本题只需一个数组即可完成输入和统计工作。

请读者自行完成程序代码。

3. 思考

本题的输入和统计工作可以不使用数组,即边输入边统计,但是这样做不符合题目的要求(题目要求使用一维数组)。读者可以试着编写一个不用一维数组的统计程序,并思考使用数组与不使用数组的差别。

8.3.2　统计学生平均成绩

1. 题目要求

先定义一个有 30 个元素的一维数组,用随机数函数为数组生成 30 个 0～100 之间的整数作为学生成绩;计算出学生的平均成绩,并用平均成绩的 80% 作为及格成绩,最后输出不及格学生的成绩。

2. 分析

本题使用一个数组即可完成任务。本题的任务有 4 个:

(1) 输入数据。

(2) 计算平均成绩。

(3) 计算及格成绩。

（4）输出不及格学生成绩。

（1）、（2）可以同步完成,共用一个循环。每产生一个随机数,就将其计入总和,当随机数产生完毕,30 个元素的总和也就计算完成,用其除以 30 即可计算出平均值;（3）不需要循环,（4）用一个循环完成。

使用随机数的方法参考上述案例。

请读者自行完成程序代码。

3. 思考

本题不用数组能否完成计算和输出任务？为什么？

8.3.3 上浮策略的冒泡排序

1. 问题的提出

冒泡排序的过程可以是下沉的,也可以是上浮的。主教材中例 5.10 的冒泡排序是一种下沉的冒泡排序。本题要求编写上浮策略的冒泡程序。

2. 分析

下沉冒泡排序的"两两比较"是从左向右的,每趟扫描下标都是从 0 开始,逐渐增加,也都是向右比较,即每个元素都是和右边的元素比较。每趟比较的终点向左减少一个元素：

```
for(j=0;j<n;j++)              //j 为比较趟数,n 为数组元素数
    for(i=0;i<n-j-1;i++)      //i 为比较元素下标
        if(a[i]>a[i+1])       //向右比较
        {    交换 a[i]和 a[i+1]}
```

既然下沉策略的冒泡排序是每趟向右扫描,下标从 0 开始,向右比较。上浮策略的冒泡排序则应该是每趟向左扫描,下标从 n－1 开始（假设有 n 个数组元素）,向左比较。也就是：

```
for(j=0;j<n;j++)              //j 为比较趟数,n 为数组元素数,趟数不变
    for(i=n-1;i>j;i--)        //(每趟)i 从右向左
        if(a[i]<a[i-1])       //向左比较
        {    交换 a[i]和 a[i+1]}
```

排序数组的数据来源可以从键盘输入,可以初始化赋值,也可以用随机数产生。在排序之前应当输出数据,在排序后再次输出数据,以对比排序是否成功。

请读者自行完成程序代码。

3. 思考

本题排序无论数据的状态如何,都需要扫描 $n-1$ 趟。实际上只有在最坏的情况下才需要扫描 $n-1$ 趟。可以设计一种算法,在扫描了 $m(m<n)$ 趟后,数据已经排好序时不再继续扫描。方法是设置一个标志变量（默认为真）,如果一趟扫描中没有执行交换数据说明已经排序完成,无须继续扫描,就将标志变量设为假,扫描结束。

请读者考虑如何运用此策略。

实验 **9**

一维、二维数组应用

9.1 概　述

1. 目的要求

(1) 掌握数组作为函数参数的应用。

(2) 掌握与数组有关的算法(特别是排序算法)。

2. 案例内容

二路归并排序。

3. 实验内容

(1) 二维数组处理。

(2) 用冒泡法对二维数组排序。

(3) 堆栈处理。

9.2 案　例

案例10　二路归并排序

1. 问题的提出

有两组已经排序的数据,欲将其合并成第三组数据,要求其仍然是有序的。

2. 分析

可以用两个一维数组保存两组已经排序的数据,使用第三个一维数组保存合并后的数据。

程序的第一部分须定义数组和其他变量。第二部分要给出两个数组的数据,并保证数据有序。给出两组有序数据的方法有以下几种。

(1) 为简化程序,两组已排序的数据在定义数组时用初始化的方式给出。

(2) 从键盘输入数据,不过输入的数据不能保证是有序的,需要在程序中增加一个排序函数(冒泡法和选择法都可以)。

（3）用随机数函数产生数据,同样的也要在程序中增加排序函数,以保证这两组数据有序。

程序的主体部分是第三部分,即将两个有序数组合并。设数组中数据为升序,两个有序数组的名为 a 和 b,a 数组有 I 个元素,元素下标为 i,b 数组有 J 个元素,元素下标为 j,合并后的数组为 c,有 K=I+J 个元素,元素下标为 k,则两路归并排序的算法简单描述如下:

（1）比较 a[i]和 b[j],如果 a[i]<b[j],则 c[k]=a[i],i++;否则 c[k]=b[j],j++。

（2）k++。

（3）如果 i<I 并且 j<J,转第(1)步;否则转(4)。

（4）如果 i<I,转(5),否则转第(6)步。

（5）c[k]=a[i],k++,i++,转第(4)步。

（6）如果 j<J,转(7),否则转第(8)步。

（7）c[k]=b[j],j++,k++,转第(6)步。

（8）输出归并排序好的数组 c,算法结束。

这里的第(4)、(5)步是将 a 数组剩余的元素接到 c 数组的后面。第(6)、(7)步是将 b 数组剩余元素接到 c 数组后面。这时 a、b 数组只有其中一个有剩余元素。

用 N-S 图表示上述算法如图 9.1 所示。

假设数组 a 中数据为 1,3,5,7,9,数组 b 中数据为 2,4,6,8,10,12,则合并后数组 c 中数据为 1,2,3,4,5,6,7,8,9,10,12。

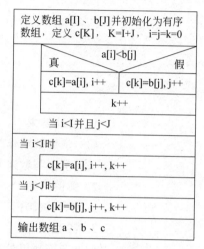

图 9.1　二路归并排序算法 N-S 图

3. 程序代码

```
#include<iostream.h>
void main()
{   int a[5]={1,3,5,7,9},i=0;          //定义数组并初始化
    int b[6]={2,4,6,8,10,12},j=0;
    int c[11],k=0;
    do                                 //进行二路归并到 c 数组,直至一路元素用完
    {   if(a[i]<b[j])
        {   c[k]=a[i];i++;}
        else
        {   c[k]=b[j];j++;}
        k++;
    }while(i<5&&j<6);
    while(i<5)                         //若此路没有用完,就将此路接到 c 数组后面
    {   c[k]=a[i];
        i++;k++;
    }
    while(j<6)                         //若此路没有用完,就将此路接到 c 数组后面
```

```
{     c[k]=b[j];
      k++;j++;
}
cout<<"a 数组为:";              //输出 a 数组
for(i=0;i<5;i++)
    cout<<a[i]<<'\t';
cout<<endl<<"b 数组为:";
for(j=0;j<6;j++)               //输出 b 数组
    cout<<b[j]<<'\t';
cout<<endl<<"c 数组为:";
for(k=0;k<11;k++)             //输出 c 数组
    cout<<c[k]<<'\t';
cout<<endl;
}
```

4. 思考

　　案例中数组元素的个数是固定的,程序不通用。如果能将数组元素个数改成可变的,并且将数组 a、b 取值和归并过程独立成函数,则可提高程序的通用性。解决方案为在主函数中定义一个稍大的数组,并由键盘输入决定数组 a、b 元素的数量,c 数组元素的数量可以计算出来。主函数中调用函数来生成 a、b 数组和归并排序。

　　主函数可以表示如下:

```
void main()
{    int a[20],b[20],c[40];     //假设 a、b 数组元素不多于 20
     int I,J,K,i;               //I、J、K 分别为数组 a、b、c 元素数量
     cout<<"请输入数组 a、b 大小(最大 20):";
     cin>>I>>J;                 //确定数组大小,假设 I、J 均不超过 20
     K=I+J;                     //可以用条件语句来保证 I、J 不超过 20
     Input_sz(a,I);             //调用函数输入 a 数组
     Input_sz(b,J);             //调用函数输入 b 数组
     Gb_sort(a,b,c,I,J)         //调用函数完成归并排序
     cout<<"a 数组为:";
     for(i=0;i<I;i++)           //输出 a 数组
         cout<<a[i]<<'\t';
     cout<<endl<<"b 数组为:";
     for(i=0;i<J;i++)
         cout<<b[i]<<'\t';
     cout<<endl<<"c 数组为:";
     for(i=0;i<K;i++)
         cout<<c[i]<<'\t';
     cout<<endl;
}
```

输入数组数据的函数原型为:

```
void Input_sz(int a[],int I);
```

二路归并排序函数原型为：

```
void Gb_sort(int a[],int I,int b[],int J,int c[]);
```

请读者自行考虑函数 Input_sz 和 Gb_sort 的程序代码。

9.3　实　验　指　导

9.3.1　二维数组处理

1. 题目要求

有一个 5×5 数组，从键盘为它输入数据，求出主对角线上各元素之和，并求出该数组中的最大的数及其所在的行号。

2. 分析

根据题目要求，程序由主函数、数据输入函数、主对角线元素和计算函数、求最大元素函数等 4 个函数组成。主函数调用其他 3 个函数。主函数在调用时，数组作为实参，将主函数中定义的数组实参传递给各被调函数。

数据输入函数的原型为：

```
void Input_sz(int a[][5]);
```

主对角线元素和计算函数原型为：

```
void Sum_sz(int a[][5]);
```

计算的结果直接在函数中输出，不用带回主函数。

求数组中的最大的数及其所在的行号的函数原型为：

```
void Max_sz(int a[][5]);
```

求出的结果直接在函数中输出，不用带回主函数。

主对角线元素的特征是其行、列下标相同。求主对角线元素值之和只须用一个单循环即可完成（设形参数组为 a）：

```
for(i=0;i<5;i++)
    sum+=a[i][i];
```

在主教材中，例 5.16 详细介绍了求二维数组最大值的程序，这里只要把例题中程序改造成函数形式即可。

请读者自行完成程序代码。

9.3.2　用冒泡法对二维数组排序

1. 题目要求

用冒泡法对二维数组排序，设计 3 个函数：主函数、数据输入函数和冒泡排序函数。

主函数定义数组,调用另外两个函数并输出排好序的数组。

2. 分析

设二维数组为 5 行 5 列。

数据输入函数的原型为:

```
void Input_sz(int a[][5]);
```

冒泡排序的函数原型为:

```
void Bubble_sort (int a[][5]);
```

二维数组的冒泡排序函数可以参考一维数组的冒泡排序函数。一维数组的冒泡排序函数的主体部分如下(参考主教材例 5.10,假设数组有 5 个元素):

```
1:      flag=1;
2:      for(j=1;j<=4&&flag;j++)        //j 循环控制比较的趟数,此处比较 4 趟
3:      {    flag=0;                    //设定未交换数据(结束扫描)标志
4:          for(i=0;i<=4-j; i++)       //i 循环控制每趟循环比较的次数,每趟次数不同
5:              if (a[i]>a[i+1])       //比较相邻的两个数(向后比较)
6:              {    t=a[i];           //如果前面元素值大,就交换这两个元素
7:                   a[i]=a[i+1];
8:                   a[i+1]=t;
9:                   flag=1;           //发生了数据交换,设置继续下一趟扫描标志
10:             }
11: }
```

可以将 5 行 5 列的二维数组理解成具有 25 个元素的一维数组,这样第 2 行可以写成:for(j=0;j<=24&&flag;j++),第 4 行可以写成:for(i=0;j<=24-j;i++)。这时第 5 至第 8 行的数组元素不能用一维的形式表示。可以使用一种变换,将 i 分解为行和列两个下标。设用 a[i1][j1]替代第 5 行的 a[i],用 a[i2][j2]替代 a[i+1],则有下列变换式:

```
i1=i/5              j1=i%5
i2=(i+1)/5          j2=(i+1)%5
```

有了上述这个变换式后,二维数组的冒泡排序函数便迎刃而解了。请读者自行完成该程序。

3. 思考

为利用一维数组的冒泡排序程序,还有一种方法是定义一个和二维数组有同样数目元素的一维数组,将二维数组的每个元素按行依次复制到一维数组中,然后使用一维数组的冒泡排序程序将其排序,排好序后再按行将一维数组的元素复制到二维数组中。

是否还有其他可行的办法? 请读者自己考虑。

9.3.3 堆栈处理

1. 题目要求

用一维数组模拟一个堆栈(或称栈),对堆栈的操作有两个:进栈和出栈。进栈时要考虑堆栈是否已满,出栈时须考虑堆栈是否为空。要求编写 3 个函数:主函数、进栈函数和出栈函数。

主函数定义并初始化堆栈,用一个循环,由用户输入对堆栈的操作要求:进栈、出栈或者结束操作。

进栈函数在数据进栈前要测试堆栈是否已满,如果已满,则输出提示,告知堆栈已满并取消本次进栈操作;如未满,将数据进栈并修改栈顶指示器。

出栈函数在数据出栈前要测试堆栈是否已空,如果已空,则输出提示,告知堆栈已空并取消本次出栈操作;如未空,将栈顶数据出栈并修改栈顶指示器。数据出栈后应将其输出到屏幕。

2. 分析

堆栈是一种数据线性组织方法,并对数据操作时施加了如下规定:

* 数据的增加和删除必须在同一端进行。
* 每次只能增加或删除一个数据元素。

其中,数据的增加和删除的一端称为"栈顶",另一端称为"栈底"。增加数据的操作称为"压栈"或"进栈",删除数据的操作称为"出栈"。堆栈结构如图 9.2 所示。

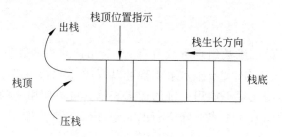

图 9.2 堆栈结构示意图

用一维数组模拟堆栈时,使用下标作栈顶指示器,下标 0 表示栈底,数组下标的最大值表示栈顶。这样进栈就是将数据赋值给表示栈顶的数组元素,出栈只要取出当前栈顶数组元素的值,然后修改表示栈顶的数组下标(加 1 或者减 1)。

根据上述分析和要求,请读者自行编写程序代码。

3. 思考

在进栈和出栈的过程中,用户可能并不清楚操作是否正确完成,是否可以考虑增加一个功能,在用户需要时,能展示当前堆栈的全貌,以让用户核查进栈、出栈操作是否正确完成,请读者自己考虑。

实验 10 字符数组应用

10.1 概　　述

1. 目的要求

(1) 掌握字符数组的定义、输入和输出。

(2) 掌握字符数组中字符串结束符"\0"的使用。

(3) 掌握与字符数组有关的算法。

2. 案例内容

字符串统计。

3. 实验内容

(1) 字符串复制。

(2) 字符串拼接。

(3) 删除相同字符。

10.2 案　　例

案例 11　字符串统计

1. 问题的提出

从键盘输入一行字符,统计其中大小写字母个数和单词个数。

2. 分析

本题的任务有三个:

(1) 输入字符串。

(2) 统计大小写字母个数。

(3) 统计单词个数。

输入一行字符,可以使用函数 getline 实现。统计字母大小写个数,用一个循环加两个 if 语句可以完成。

统计单词个数稍有困难,关键是如何判断一个单词的开始和结束。可以假设一个单词的左右两边只能是空格或标点符号(设只用句点和逗号),

如果相邻的两个字符左边是空格或标点符号,右边是字母,则说明是一个单词的开始;左边是字母而右边是空格或标点符号,则说明是单词的结束。

3. 算法和 N-S 图(见图 10.1)

(1) 输入字符串到字符数组;

(2) 计算字符数组中的字符数 N;

(3) 统计字符数组中大小写字母个数(细节省略);

(4) i←0,flag←1,k←0;

(5) 如果 i<N,进行第(6)步,否则转第(11)步;

(6) 如果 a[i]为字母,转第(7)步,否则转第(9)步;

(7) 如果 flag==1,转第(8)步,否则转第(10)步;

(8) k←k+1,flag←0,转第(10)步;

(9) flag←1;

(10) i←i+1,转第(5)步;

(11) 输出大小写字母个数,输出单词个数;

(12) 算法结束。

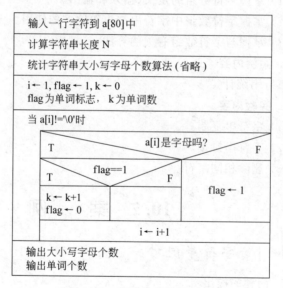

图 10.1 字符串统计 N-S 图

4. 程序代码

```
void main(void)
{   char a[80];
    int i=0,dx=0,xx=0,k=0,flag=1,N;
    cin.getline(a,80);
    N=strlen(a);
    //统计大小写字母个数
    for(i=0;i<N;i++)
    {   if(64<a[i]&&a[i]<90)   dx++;
        if(96<a[i]&&a[i]<122)   xx++;
```

```
}
//统计单词数
i=0;
while(a[i]!='\0')
{   if(('A'<=a[i]&&a[i]<='Z')||('a'<=a[i]&&a[i]<='z'))
    {   if(flag)
        {   k++;
        flag=0;
        }
    }
    else flag=1;
    i++;
}
cout<<"大写字母个数="<<dx<<",大写字母个数="<<xx<<endl;
cout<<"单词个数="<<k<<endl;
}
```

10.3 实 验 指 导

10.3.1 字符串复制

1. 题目要求

在两个字符数组(a 和 b)中分别输入两个字符串,并输出这两个字符串。然后将存放于数组 b 中的字符串复制到数组 a 中,再输出复制后的两个字符串。

2. 分析

字符数组不能整体复制,只能逐个元素的复制。

逐个元素复制有两种策略,一种是先测定数组 b 的长度,使用 for 循环逐个元素复制。另一种是不测定数组 b 的长度,从第 0 个(下标为 0)元素开始逐个复制,一直复制到数组 b 的串结束符'\0'。这种策略使用 while 循环。一般用后一种策略,请读者按照此法设计程序。

无论哪种策略,都存在串结束符的处理问题。多数做法是在字符串复制完毕后在数组 a 后面添加一个'\0'。也可以将 b 数组后面的'\0'像复制一般字符一样直接复制到数组 a 中。

在使用 while 循环复制字符串时,每循环一次需要做三件事:

(1) 检测数组 b 的当前字符是否为串结束符,如果是就结束循环。

(2) 复制一个字符。

(3) 分别修改数组 a、b 的下标,以准备复制下一个字符。

完成这三件事的代码有多种表示方法,例如:

```
①                          ②                          ③
while(b[i]!='\0')          while(b[i])                while(b[i])
{    a[i]=b[i];            {    a[i]=b[i];                a[i++]=b[i];
     i++;                       i++;
}                         }
```

① 是比较规范的写法,清晰易懂。

② 用 while(b[i])代替了 while(b[i]!='\0'),含义不变,代码简化了,但初学者不易理解。

③ 更简化,用一行 a[i++]＝b[i＋＋]代替了②中的两行,初学者更不易理解。

其实还有更简化的代码,请读者自己考虑。

字符数组可以整体输入输出。

请读者自行完成程序代码。

10.3.2　字符串拼接

1. 题目要求

在两个字符数组(a 和 b)中分别输入两个字符串,并输出这两个字符串。然后将存放于数组 b 中的字符串拼接到数组 a 中,再输出拼接后的数组 a。

2. 分析

在字符数组中拼接两个字符串的思路与字符串复制相同。不同之处是,复制数组 b 中字符串到数组 a 时,数组 a、b 的下标都从 0 开始,因而数组 b 中字符串覆盖了数组 a 中原有字符串。拼接字符串时,数组 b 下标依然从 0 开始,但数组 a 下标却不能从 0 开始,只能从原有字符串的'\0'处开始,数组 b 中字符串复制(拼接)完毕后,再在数组 a 中添加一个'\0'。

复制(拼接)开始前,先逐个元素的查看数组 a,找到'\0'的位置,用变量 i 表示。数组 b 下标 j 从 0 开始,拼接过程和复制一样,只是数组 a 和数组 b 要分别使用不同的下标变量。复制部分的代码如下:

```
while(b[j])
{    a[i]=b[j];
     i++;j++;
}
```

读者可以参照上一实验写出完整的程序代码。

3. 思考

查找数组 a 中'\0'也可以不逐个查看,只要计算出数组 a 的长度 i,i＋1 就是'\0'的位置。

拼接字符串可以有不同的表示方法,请读者参考上题,用三种不同的方法写出本程序,并比较这三种不同写法的特点。

10.3.3　删除相同字符

1. 题目要求

在主函数中定义一个一维字符数组,从键盘输入一串未排序的字符存入数组,在被调函数(delete)中删去一维数组中所有相同的字符,使之只保留一个,被调函数返回删除的字符个数。主调函数输出删除后的字符串。

例如:

原数组:aabcaacb1212xyz,

删除后:abc12xyz。

2. 分析

本题的关键是删除字符函数 delete。设字符数组为 s,设置表示下标的变量 i、j 和 k,凡是和 s[i] 相同的元素字符 s[j] 都要被删除。所谓删除就是将 s[j] 后面的元素 s[j+1] 前移,覆盖 s[j],随后的 s[k](k>j)都将被前移。数组下标 i 从 0 开始,j 每次从 i+1 开始,k 每次从 j+1 开始。

对于 s[i],需要反复扫描其后的字符,每次扫描可以删除一个和 s[i] 相同的字符 s[j],并使被删除的 s[j] 后的所有字符前移,必须从左至右移动,即先将 j+1 位置字符移到 j 位置(此时 j 和 j+1 位置上的字符相同),再将 j+2 位置字符移动到 j+1 位置,以此类推,直到'\0'被前移为止。

如果某次扫描未发现和 s[i] 相同的字符,则 s[i] 字符删除完毕,i++,再处理下一个字符。

删除算法描述如下:

(1) 定义一维字符数组 s,输入字符串;

(2) 设 i=0,num=0;

(3) 当 s[i] 不为 '\0' 时,进行第 (4) 步,否则转第 (13) 步;

　(4) j=i+1,flag=1;

　(5) 当 s[j] 不为 '\0' 时,进行第 (6) 步,否则转第 (12) 步;

　　(6) 如果 s[j]==s[i](需要删除 s[j]),进行第 (7) 步,否则转第 (11) 步;

　　　(7) k=j+1,k1=j,flag=0,num=num+1;

　　　(8) 当 s[k] 不为 '\0' 时,进行第 (9) 步,否则转第 (10) 步;

　　　　(9) s[k-1]=s[k],k++,返回第 (8) 步;

　　　(10) 如果 flag==0,j=k1,返回第 (5) 步,否则转第 (12) 步;

　　(11) j=j+1,转第 (5) 步;

　(12) i=i+1,转第 (3) 步;

(13) 返回 num,算法结束。

请读者根据此算法描述写出程序代码并画出此算法的 N-S 图。

3. 思考

上述算法是每当发现一个 s[j]==s[i],就将 s[k](k>j)前移,j 后面元素全部前移后,在前移的元素 s[k] 中仍然有可能存在和 s[i] 相同的元素。所以需要从 j 位置起(算法描述中用 k1 记录 j 的位置)继续扫描,查找和 s[i] 相同的元素。算法描述中用标志 flag

表示是否存在与 s[i]相同的元素(存在相同的时 flag 为 0)。

该算法的缺点是,每次删除一个字符,其后所有字符均需向前移动,而删除是反复的,就导致同一个字符反复前移,每次只移动到前一个位置。能否设计一个算法,对于每一个 s[i],不管其后面有多少相同的字符,不删除的字符只需前移一次即可,当然这样的移动不一定移动到前一个位置上。请读者按照此思路设计算法和程序。

如果数组 s 的字符是有序的,则对于每个 s[i],只要扫描紧挨着 s[i]的那几个字符就可以了,一旦发现一个与 s[i]不同的字符,其后所有的字符都不会与 s[i]相同,s[i]字符便处理完毕。请读者再按照此思路设计算法和程序。

实验 11 结构体类型及其应用

11.1 概　　述

1. 目的要求

(1) 掌握结构体类型及变量的定义及使用。

(2) 掌握结构体变量的输入和输出。

2. 案例内容

学生成绩统计。

3. 实验内容

(1) 商品结构体类型变量的定义和使用。

(2) 定义二维坐标点并计算矩形面积。

11.2 案　　例

案例 12 学生成绩统计

1. 问题的提出

学生的信息有多项，如学号、姓名以及各门课程的成绩。用多个单一类型的数组来表示一批学生的信息将使算法复杂化，而使用结构体类型表示可使算法简化。

要求设计一个程序，统计一个班(最多有 35 人)的学生成绩，要求能实现如下三个功能：

(1) 由键盘输入每个学生的学号、姓名和 3 门课程(Math、Phy 和 C++)的成绩。

(2) 计算每个学生的总分。

(3) 输出每个学生的信息，包括学号、姓名、各科成绩和总分。

2. 分析

根据题目要求，每个学生的信息有 6 项：学号、姓名、数学、物理、C++和总分。学号为整型；姓名为字符数组；各科成绩和总分为实型。

定义一个结构体类型 student，其成员包括上述的 6 项数据。

根据题意,程序需要使用 3 个函数:主函数、输入函数(兼计算总分)和输出函数。

主函数定义一个具有 35 个元素的 student 类型结构体数组,一个表示学生人数的变量 num。主函数负责调用其他两个函数,首先要调用的是输入函数。

输入函数的形参为结构体数组,返回值为输入的学生人数。在输入时计算每个学生的 3 门课总分。输入 0 学号时结束,即 0 学号为输入结束标志。

输出函数的形参是结构体数组和学生人数,不需要返回值。每个学生信息输出一行,每个数据项宽度占 1 个制表位,输出有标题行。

3. 程序代码

```
#include<iostream.h>
#include<string.h>

struct student                          //定义结构体类型
{    int Id;                            //学号
     char Name[9];                      //姓名
     float Math,Phy,C,Sum;              //数学、物理、C++和总分
};

int input(student stu[])                //输入函数
{    int num=0,id=1;
     cout<<"请输入学号、姓名、数学、物理、C++(0学号结束)\n";
     cin>>id;
     while(id)      //当输入的学号不为 0 时,继续输入其他数据项
     {    stu[num].Id=id;               //学号采用赋值方式
          cin>>stu[num].Name>>stu[num].Math;
          cin>>stu[num].Phy>>stu[num].C;
          stu[num].Sum=stu[num].Math+stu[num].Phy+stu[num].C;
          cin>>id;                      //输入学号
          num++;                        //统计学生人数
          if(num>=35)break;             //输入不能超过 35 人
     }
     return num;
}

void print(student stu[],int num)       //输出函数
{    int i;
     if(num==0)
     {    cout<<"没有可输出数据!";
          return;
     }
     cout<<"学号  姓名  数学  物理  C++  总分\n";//输出标题
     for(i=0;i<num;i++)
     {    cout<<stu[i].Id<<'\t'<<stu[i].Name<<'\t'<<stu[i].Math<<'\t';
```

```
            cout<<stu[i].Phy<<'\t'<<stu[i].C<<'\t'<<stu[i].Sum<<'\n';
        }
}

void main()
{       student stu[35];                    //定义结构体数组
        int num;                            //数组大小计数器
        num=input(stu);                     //输入结构体数组
        print(stu,num);                     //输出结构体数组
}
```

4. 思考

如果学生信息中不含姓名(实际应用中处理成绩是按学号进行的),全部数据都可以使用实型。这时可以使用一个 35×6 的二维数组来处理,每行一个学生(共 35 行),每行 6 列(6 项数据)。这时程序代码要简单得多,但表现力也差得多。请读者比较使用数组和结构体的差别。

11.3 实 验 指 导

11.3.1 商品结构体类型变量的定义和使用

1. 题目要求

设商品有编号、品名、单价、产品说明和生产日期等 5 个属性。定义符合商品要求的商品结构体类型和商品结构体数组,从键盘输入若干种商品,找出价格最便宜的商品,输出其资料。

2. 分析

此题需要定义一个商品结构体类型。定义结构体类型可以在函数外定义也可以在函数内定义。在函数外定义的结构体类型是全局的,在程序的所有函数中都可以使用;在函数内定义的结构体类型是局部的,仅限于在一个函数内使用。一般的,结构体类型均定义为全局的。

可以将商品生产日期定义为一个日期结构体类型,包含 year、month 和 day 三个成员。商品结构体类型中含有一个日期类型的成员 date。

本题还要求定义结构体数组,结构体数组定义在函数内,一般情况下应尽量少用全局变量。

因为需要输入商品,事先应设计好若干商品的资料(编号、品名、单价、产品说明、生产日期)。结构体变量不能整体输入,只能输入其成员数据(本题商品结构体的成员 date 也不能整体输入,必须分别输入 year、month 和 day)。输出亦相同。

主函数的工作有:定义结构体数组、输入数据、在数组中查找价格最便宜的商品并输出其资料。查找价格最便宜商品就是在数组中查找(价格)最小值,与在一维数组中找最小值的方法相同。

3. 思考

本题没有规定使用几个函数。上面分析的是只有一个主函数的情况。如果设计成几个函数,程序会更通用一些。可以将输入数据设计成一个函数,查找价格最便宜商品设计成一个函数。这样主函数的功能就只剩下定义结构体数组、调用相关函数和输出价格最便宜商品的资料。请读者考虑此设计方案。

11.3.2 定义二维坐标点结构体类型并计算矩形面积

1. 题目要求

编写程序,定义描述二维坐标点的结构体类型变量,完成坐标点的输入和输出,并求以两个对顶点构成的矩形面积。

2. 分析

本题可以考虑定义两个结构体类型:二维坐标点类型和矩形类型。二维坐标点结构体类型应包含两个数据成员:x 和 y。矩形类型包含有两个坐标点类型的成员 d1 和 d2。

也可以为矩形结构体类型定义函数成员,用以计算矩形面积。定义结构体类型的函数成员和定义普通的函数相似。例如,点结构体类型和矩形结构体可以定义为如下形式:

定义点结构体类型:

```
struct point
{    float x,y;
};
```

定义矩形结构体类型:

```
struct rect
{
    ...
    float area()
    {    float a;
        a=...;      //计算矩形面积;赋值给 a
        return a;
    }
};
```

结构体变量的函数成员的使用方法与数据成员一样,用"变量.函数"表示。设 r 为矩形结构体类型变量,计算 r 的面积的方法为:r.area()。

3. 思考

将计算矩形面积的函数设计为结构体类型的函数成员,从功能上看,并不是必需的,有多种计算矩形结构体类型面积的方法。这种做法强调的是结构体类型的构造和功能,对程序的结构化是有积极意义的,较大的程序往往采用这种设计方法。

实验 12 类与对象的概念与设计

12.1 概 述

1. 目的要求

(1) 掌握类和对象的定义和引用。

(2) 掌握类和对象的基本应用。

2. 案例内容

定义复数类。

3. 实验内容

(1) 定义图书类。

(2) 定义商品类及其应用。

12.2 案 例

案例 13 定义复数类

1. 问题的提出

前面所学习的 C++ 运算符都是作用于普通变量的。例如加减运算符只是用于整型、实型等变量。在实际应用中,经常用到复数,而复数的运算(例如加减)需要定义相应的类才可以进行。本案例定义一个复数类以及相应的加减运算函数。

2. 分析

复数由实部和虚部组成,对应的类可用实型数据成员 Real 和 Image 表示。设只考虑复数的加法运算,则只需定义复数类的下列成员函数:复数赋值函数 SetComplex(),复数加法函数 Add() 和复数输出函数 Display()。

可以定义复数类的数据成员为私有,函数成员为公有。

3. 程序代码

```
#include<iostream.h>
class Complex
{    float Real,Image;                      //复数的实部和虚部
public:
        void SetComplex(float,float);        //复数赋值函数
        void Add(Complex,Complex);           //复数加法函数
        void Display();                      //复数输出函数
};

void Complex::SetComplex(float a,float b)
{    Real=a;
     Image=b;
}

void Complex::Add(Complex x,Complex y)
{    Real=x.Real+y.Real;
     Image=x.Image+y.Image;
}

void Complex::Display()
{    cout<<"<Real,mage>=<"<<Real<<','<<Image<<">\n";}

void main()
{    float x1,y1,x2,y2;
     Complex x,y,z;                          //定义 3 个复数
     cout<<"请输入两个复数(real,image):";
     cin>>x1>>y1>>x2>>y2;
     x.SetComplex(x1,y1);                     //复数 x 赋值
     y.SetComplex(x2,y2);                     //复数 y 赋值
     z.Add(x,y);                              //计算 z=x+y
     x.Display();                             //输出复数 x
     y.Display();                             //输出复数 y
     z.Display();                             //输出复数 z
}
```

4. 思考

一个类可能有很多函数成员,本案例仅设计 3 个函数,是复数类的"最小"函数集。因为如果缺少复数赋值函数,就不能设置复数的实部和虚部;没有复数输出函数,不便呈现复数运算结果;复数加法是本案例着重要表现的,更不能缺少。复数赋值函数相当于复数的输入函数。

本案例中的函数成员的函数值类型均为 void 型,能否将 Add 函数的返回值类型设计为 Complex? 如果可以,则函数该怎么写和使用? 请读者考虑。

12.3　实验指导

12.3.1　定义图书类

1. 题目要求

设图书信息包括书名、作者、出版社和定价等属性,要求定义一个类,用该类定义图书对象、通过函数成员为对象数据成员赋值,能输出图书属性。

2. 分析

参考案例,图书类应当包括下列数据成员:书名、作者、出版社和单价等,单价为实型,其余均为字符串。根据题目要求,本题图书类应当包含 2 个函数成员:图书属性赋值和图书属性输出。

主函数的作用是,定义若干图书对象,调用图书赋值函数为图书对象赋值,确定其书名、作者等信息,然后按行输出图书对象。按行输出对象的含义是每行一个对象,每个对象包含 4 个属性。

请读者自行完成程序代码。

3. 思考

这样定义的图书类,其各个属性一旦定义便不能修改,可否设计一个用以修改图书属性的函数成员,该函数调用 1 次能修改图书对象的一个属性(共有 4 个属性)。请读者自行考虑。

12.3.2　定义商品类

1. 题目要求

设商品包括下列属性:商品名(字符串)、单价(实型)、数量(实型)和金额(实型)。商品的商品名和单价属性在定义商品时给定。考虑商品的销售情况,对于某个已定义的商品,给定其数量,应能自动计算出金额。

2. 分析

若将商品定义为类,根据题目要求,应当包括下列数据成员:商品名(字符数组)、单价(实型)、数量(实型)和金额(实型)。函数成员应当包括定义商品(用以确定商品的商品名和单价)、销售商品(给定数量计算出金额)和输出商品(输出商品信息)。

商品对象有 3 种形态:已定义商品对象但未定义商品(确定商品的品名和单价);已定义商品还没有销售(未确定销售数量和销售金额)以及已销售商品。商品输出函数应能区分这 3 种状态。例如对未定义商品的对象,输出时指出其为未定义对象;对已定义商品但未销售的对象,应该输出其基本属性后指出其为未销售商品;对已销售商品,输出其全部信息。

设商品可以反复销售,即可以重新给定数量,给定数量后重新计算其销售金额。

未定义的商品是不能销售的,即未确定商品名和单价的商品对象,不能使用销售函数为其确定数量并计算金额。

定义商品和定义对象不同。定义对象时,对象的各个属性(商品名、单价、数量和金额)的值均是随机的。定义商品是在已经定义了对象的基础上进行的,就是要先有商品对象,才可以为其确定商品名和单价。对于同一个商品对象,可以反复使用,填入不同商品的信息。

定义商品函数的原型可以是:

```
void commodity::def(char name[],float price);
```

commodity 为商品类的类名。

销售商品函数的原型可以是:

```
void commodity::sell(float quantity);
```

输出商品函数的原型可以是:

```
void commodity::print();
```

主函数定义商品对象,定义商品(对同一对象定义多次)、销售商品并输出所定义的商品。

3. 思考

当商品比较少的时候,定义少量商品对象即可。当商品比较多时,如果这些商品不需要保存(即销售输出完毕便可作他用),则对象可以反复使用。当商品较多而且需要保存时,使用少量离散的对象(互相没有联系)就不行了,这时该如何处理?请读者思考。

实验 *13* 指针的定义与使用

13.1 概　　述

1. 目的要求

（1）掌握指针的定义与使用。

（2）掌握指针与数组（特别是字符数组）的关联使用。

（3）掌握指针和函数的关联使用。

2. 案例内容

查找子串。

3. 实验内容

（1）使用指针输入 10 个实数。

（2）求两集合的交集。

（3）构造回文。

13.2 案　　例

案例 14　查找子串

1. 问题的提出

在一个字符串（主串）中查找另一个字符串（子串）第一次出现时的位置，在查找过程中要考虑字符的大小写。例如，主串是"This City is a very beautiful CITY."，子串"This"在主串中第一次出现的位置为 1（不是 0）。子串"CITY"在主串中第一次出现的位置为 31。程序要求输出子串在主串中第一次出现的位置。

2. 分析

在主串中查找子串，不能"一次性"的确定子串的位置。需要先在主串中查找子串的首字符，设其位置为 i。例如子串"CITY"首字符'C'在主串中的位置 i 为 6。然后再查看 i 的下一位置 7 是否为子串的下一字符'I'，如果是，就继续查看子串的再下一个字符，如果不是，则放弃刚才找到的子串首字符位置,在 i 位置后面重新查找子串的首字符'C'。

以上述主串"This City is a very beautiful CITY."和子串"CITY"为例。运用双重循环,外循环先在主串中查找子串首字符'C',在位置 6 找到(i 为 6),于是内循环继续查看主串位置 7 字符是否为子串第二个字符'I',位置 7 字符是小写'i',与大写'I'不符,放弃刚才找到的位置 6,退出内循环,在位置 6 的后面重新查找子串首字符'C'。在主串的 31 位置上再次找到了字符'C',继续查看,32 位置字符正好是子串第二个字符'I',33 位置是子串第三个字符'T',34 位置是子串第四个字符'Y',查找匹配成功! 子串第一次出现的位置为 31。

3. 程序代码

根据上述分析,可以编写程序如下。程序中使用两个字符数组分别存放主串和子串,考虑到主串和子串中可能含有空格,输入时使用函数 cin.getline()。位置使用指针表示。

```cpp
#include<iostream.h>
#include<string.h>
void main()
{    char str1[80],str2[20];            //在串 str1 中查找子串 str2
     char * p1, * p2=str2, * p3=str1;
     int flag=1;                         //查找标志,为 0 时查找成功
     cin.getline(str1,80);
     cin.getline(str2,20);
     p1=p3;
     while(* p1)                         //p1 在串 str1 中移动,直到串结束符
     {    while(* p1&&* p1++!=* p2);     //在 str1 中查找 str2 首字符相同的字符
          p3=p1;p2++;                    //保存主串中出现子串首字符的位置到 p3
          while(* p2)                    //当子串中还有字符时
          {    if(* p1!=* p2)break;
               //如果子串中字符和主串中字符不相同,就终止比较
               p1++;p2++;               //移动指针,指向主串、子串的下一个字符
          }
          if(* p2=='\0')     //如果在主串中找到子串(没找到时子串没有到结束符)
          {    flag=0;
               break;
          }
          p1=p3;     //如果在主串中没找到子串,则在主串中重新查找子串的首字符
     }
     if(flag)
          cout<<"没有找到子串!\n";
     else
          cout<<"在"<<strlen(str1)-strlen(p3)-1<<"位置找到子串!\n";
}
```

4. 思考

本案例中的查找是严格区分大小写的,如果不区分大小写,程序要麻烦一些,但是基本算法不变,请读者在此基础上或用别的算法,编写出不区分字母大小写的程序。

13.3　实　验　指　导

13.3.1　使用指针输入10个实数

1. 题目要求

使用指针输入10个实数存入一维数组中,计算并输出它们的和与平均值。要求输入、计算和输出均使用指针。

2. 分析

输入的10个数可以保存在数组中。根据题目要求,定义一~~特殊的数据来表示创建~~数组和一个实型指针,初始化指针指向数组。可以使用一个循~~点的数据是无效的,需要~~后再用一个循环统计并输出统计结果。

设数组为 a,指针为 p,则循环:

```
for(i=0,p=a;i<10;i++)sum+= * p++;
```

或

```
for(i=0,p=a;i<10;i++)sum+= * (p+i);
```

或

```
for(p=a;p<a+10;p++)sum+= * p;
```

均可以统计出数组元素的和。

本题比较简单,不需要再多的分析,请读者给出程序代码。

3. 思考

本题使用指针并不比使用下标直接操作数组元素更方便。但是在复杂的题目中,使用指针就能体现出优越性,尤其是在字符串处理方面。

本题也可以不使用数组而直接使用指针,请读者考虑这种方案的程序。

13.3.2　求两集合的交集

1. 题目要求

整数集合是由多个不同的整数构成的,可将其存放在一个一维整型数组中。两个集合的交集由同时属于两个集合的元素构成。例如,集合 a[]={1,3,5,7,9},集合 b[]={1,2,3,4},它们的交集是 c[]={1,3}。要求使用4个函数,一个输入数据(两个数组的数据),一个计算交集,另一个输出数组(三个数组),主函数的作用是定义数组和调用函数。

2. 分析

本题需要三个数组 a、b、c,a、b 的数据来自键盘输入,数组 c 的数据则是 a、b 的交集,需要计算。求交集的算法是:依次判断数组 a 中的元素 a[i]是否属于数组 b,如果属于,则将 a[i]放入交集数组 c 中。要求编写一个程序,完成求两个整数集合的交集。

所谓将a[i]放入数组c中,就是将a[i]的值赋给数组c的元素。本题中数组a、b、c需要分别使用不同的下标变量。

测试a[i]是否属于b数组,使用一个循环可以实现,设有指针p1、p2、p3,且p1＝&a[i],p2＝&b[0],p3＝&c[k],则可以:

```
for(j=0;j<J;j++)        //J为数组b的元素数目
    if(*p1==*p2++)break;
if(p2<&b[J])            //说明在数组b中找到了a[i],即a[i]属于b
    *p3++=*p1;         //将a[i]放入数组c,修改指针p3,准备放入下一个a[i]
```

或

```
for(j=0;j<J;j++)                //J为数组b的元素数目
    if(*p1==*p2++) *p3++=*p1;    //找到后直接将a[i]放入集合c中;
```

3. 思考

本题考虑的是求两个集合的交集,运用上述思路,还可以考虑多集合(三个集合以上)的交集,请读者考虑 N 个集合交集的求法。

13.3.3 构造回文

1. 题目要求

一个字符串若正向拼写与反向拼写都一样,则称之为"回文"。如"madam"是一个回文。判断时,忽略大小写字母的区别、空格及标点符号等,即"Madam,I'm Adam"也是回文。

本题要求使用指针输入一个字符串,根据输入的字符串构造出一个回文。

2. 分析

字符串是用字符数组存储的,对输入的字符串构造回文,要求字符数组的大小至少为输入字符串长度的两倍。或者说输入字符串的长度最多只能是所定义字符数组大小的一半。

虽然判断一个字符串是否为回文时忽略字母的大小写等,但是构造出来的回文应该是严格对称的,包括字母大小写、空格、标点符号等。

构造的过程如下:对存储在数组中的输入字符串,从最右边字符开始,逐个处理。使用两个指针,一个(p1)初始指向输入字符串最后一个字符,一个(p2)指向p1右边的数组元素,如图13.1所示。设输入的字符串是"abcde",只要循环执行"*p2++=*p1--;",即可构造出严格对称的回文。

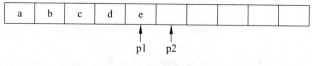

图 13.1 初始指针

注意,这样构造的回文,字符串的末尾需要赋值串结束符'\0'。

3. 思考

在分析中使用的构造方法是从输入字符串的右边开始,向左发展的,指针 p1 和 p2 背向移动。也可以从输入字符串的左边开始,向右发展,指针 p1 和 p2 相向移动。这时 p1 和 p2 的初始定位与前述不同。请读者考虑这种思路的回文构造算法和程序。

实验 **14** 指针算法的综合应用

14.1 概　　述

1. 目的要求

(1) 掌握指针和数组、函数的综合应用。

(2) 掌握与指针有关的典型算法。

2. 案例内容

二叉树遍历。

3. 实验内容

(1) 质因子分解。

(2) 线性表处理。

14.2 案　　例

案例 15　二叉树遍历

1. 问题的提出

二叉树是层次数据组织的一种重要数据结构,遍历是二叉树的一个基本算法。本题要求建立一个排序二叉树,并给出中序遍历该排序二叉树的结果。

2. 分析

二叉树在计算机数据处理中用于层次数据组织,是计算机应用中的典型数据结构,有着广泛的应用。图 14.1 为一棵由 9 个节点组成的二叉树。

所谓排序二叉树,可以定义为:

(1) 若左子树不为空,则左子树上所有节点的值均小于它的根节点的值。

(2) 若右子树不为空,则右子树上所

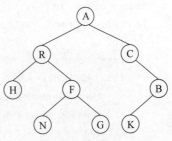

图 14.1　9 个节点组成的一般二叉树

有节点的值均大于它的根节点的值。

（3）左、右子树也分别为二叉排序树。

中序遍历是指对于任何一个节点和其两个子女，先访问左子女，再访问该节点，最后访问右子女。图 14.1 所示的二叉树，中序遍历的结果是"HRNFGACKB"。

可以为二叉树的节点定义一个结构。编程遍历二叉树，需要先用一个函数生成一棵二叉树，然后调用遍历函数输出遍历结果。由于节点的左、右子女也是一棵二叉树（子树），遍历函数显然需要递归才可以完成整棵树的遍历。

设计一个二叉树节点结构 tree，包括成员 data（数据）、left（左子女指针）和 right（右子女指针）。创建二叉树的函数原型可以为：

```
tree * creat_btree(int a[],int n);
```

创建二叉树所需的节点数据由一个一维数组提供，函数返回值为一个 tree 结构体类型指针。在生成二叉树的过程中，需要不断动态的在堆上申请 tree 型空间以存储节点的数据。所以还需要一个函数，在程序运行结束时释放在堆上申请的空间。

遍历函数的函数原型可以为：

```
void inorder(tree * t);
```

其形参为一 tree 结构体类型指针。函数没有返回值。

释放堆空间的函数原型可以为：

```
void delete_btree(tree * t);
```

主函数定义一个一维整型数组；调用函数 creat_btree 生成一棵二叉树；再调用函数 inorder 遍历二叉树并输出遍历结果。

程序代码如下：

```cpp
#include<iostream.h>

struct tree                              //定义二叉树节点结构
{    int data;                           //节点数据域
     tree * left, * right;               //右、左子树指针
};

//二叉排序树的左子女小于父节点,右子女大于父节点
tree * create_btree(int x[],int n)       //建立二叉排序树
{    if(n==0)return NULL;
     int i;
     tree * root=NULL, * newnode, * back, * current;
     for(i=0;i<n;i++)
     {    newnode=new tree;
          newnode->data=x[i];
          cout<<x[i]<<"   ";
          newnode->right=newnode->left=NULL;
```

```
        if(root==NULL)                          //为空时
            root=newnode;
        else
        {   current=root;
            //可以插入当前节点的父节点,其左、右子女必有一个为空
            while(current!=NULL)                 //查找要插入 newnode 的节点指针
            {    back=current ;                  //保存父节点
                if(current->data>x[i])           //要插入的节点小于父节点
                    current=current->left;       //向左继续查找
                    else
                    current=current->right;      //向右继续查找
            }
            if(back->data>x[i])
                back->left=newnode;              //将新节点作为左子女
            else
                back->right=newnode;             //将新节点作为右子女
        }
    }
    cout<<endl;
    return root;
}


void inorder(tree * tmp)                         //中序遍历二叉排序树
{   if(tmp!=NULL)
    {    if(tmp->left!=NULL)                      //如果左子树存在
            inorder(tmp->left);                  //遍历左子树
        cout<<tmp->data<<"  ";                   //输出本节点数据
        if(tmp->right!=NULL)                     //如果右子树存在
            inorder(tmp->right);                 //遍历右子树
    }
}


void delete_btree(tree * tmp)                    //删除二叉排序树
{   if(tmp!=NULL)
    {    if(tmp->left!=NULL)                      //如果左子树存在
            delete_btree(tmp->left);             //删除左子树
        if(tmp->right!=NULL)                     //如果右子树存在
            delete_btree(tmp->right);            //删除右子树
        delete tmp;                              //删除节点本身
    }
}


void main()
{    tree * t;
```

```
        int arr[]={7,4,1,5,12,8,13,11};
        cout<<"建立二叉排序树顺序:"<<endl;
        t=create_btree(arr,8);                    //建立二叉排序树
        cout<<endl<<"中序遍历序列:"<<endl;
        inorder(t);                               //中序遍历二叉排序树
        delete_btree(t);                          //删除二叉排序树
}
```

本程序的执行结果如下:

建立二叉排序树顺序:
7 4 1 5 12 8 13 11
中序遍历序列:
1 4 5 7 8 11 12 13

3. 思考

本案例的遍历和删除函数使用了递归算法,但是建立二叉排序树函数没有使用递归算法,请读者考虑在建立二叉树时使用递归算法。如果遍历函数不使用递归算法,又该如何编写程序?请读者分别写出全部函数(不包括主函数)递归和不递归两种程序,并比较其特点。

14.3 实验指导

14.3.1 质因子分解

1. 题目要求

将一个数分解成几个质数(即素数)的连乘积形式,称为分解质因数。例如,6=2×3,28=2×2×7,180=2×2×3×3×5。要求编写程序,对输入的整数进行质因子分解。

2. 分析

可以考虑使用函数 void fun(int a[],int num,int * count)实现将数 num 分解质因数,最终得到的质因数存放在数组 a 中,质因数的个数通过指针 count 带回主函数。为了避免临时判断分解得到的因子是否为质因子,可以事前(分解质因子前)将 100 以内的质数按由小到大的顺序存放在数组 b 中,在分解质因子时用 b[0]循环去除 num,如果除尽,则 b[0]是一个质因子,将其存入数组 a 中,直到除不尽时,再用下一个较大的质数b[1]循环去除 num,重复进行该过程,直到 num 为 1 时为止。

得到 100 以内的所有质数可以用一个函数实现。此质数数组作为全局数组使用,也可以作为主函数局部数组使用,在调用函数 fun 时将质数数组传递给 fun。

查找 100 以内质数的函数原型为:

void prime(int b[],int n)

如果要分解的整数本身也是一个质数,则此整数要求在 100 以内。

根据上述分析,请读者自行完成程序代码。

实验 16 构造函数定义与使用

16.1 概 述

1. 目的要求

(1) 掌握构造函数、重载构造函数的定义和使用方法。

(2) 理解缺省构造函数的概念、定义及使用方法。

2. 案例内容

学生类的声明及其对象的初始化。

3. 实验内容

(1) 日期类的声明和对象的定义。

(2) 集合类的声明和对象的定义。

(3) 职工类的声明和对象的定义。

16.2 案 例

案例 17 学生类的声明及其对象的初始化

1. 问题的提出

学生类有成员数据：包括学号、姓名、性别、年龄、C++ 成绩。要求有如下成员函数：构造函数、缺省的构造函数、修改成绩的函数、输出所有成员的函数。main()完成对象的定义和有关成员函数的测试。

2. 分析

成员数据的确定方法：学号一般由纯数字组成，可以确定为整型数；但当学号中包含有字母、汉字或起始学号由 0 开始时，应使用字符数组表示。姓名应该用字符数组表示。性别可用字符数组表示汉字"男"或"女"，也可用数字表示（如 1 表示"男"，2 表示"女"，可自己事先约定）或布尔值表示；而年龄用 int 类型，考虑到成绩可能会出现有小数，所以用 float 表示。

成员函数的确定方法：构造函数其作用是完成对对象的成员数据初始化。一般情况下，上述说明的成员数据，在不能通过计算得到时，其数据成员都需要通过构造函数实现初始化。构造函数可以重载,考虑到定义对象时,没有提供初始化所需的数据,定义了缺省的构造函数。为保证数据安全,类中成员数据一般都限定为私有访问权限,所以类中需要定义输出数据的成员函数,当需要访问私有数据成员时,需通过具有公有访问权限的成员函数——公共接口完成。

3. 程序代码

```cpp
class Student{                              //学生类的声明
    int Id;                                //学号
    char Name[20];                         //姓名
    char Sex[4];                           //性别
    int Age;                               //年龄
    float Cpp;                             //C++成绩
public:
    Student()                              //缺省的构造函数
    {   Id=Age=Cpp=0;
        Name[0]=Sex[0]='\0'; }
    Student(int i,char * n,char * s,int a,float c)
    {   //构造函数
        Id=i;
        strcpy(Name,n);
        strcpy(Sex,s);
        Age=a;
        Cpp=c;
    }
    void SetCpp(float c){Cpp=c;}           //修改成绩的函数
    void Print()                           //输出成员数据的函数
    {
        cout<<"学号:"<<Id<<"\t 姓名:"<<Name<<"\t 性别:"<<Sex;
        cout<<"\t 年龄:"<<Age<<"\tC++成绩:"<<Cpp<<'\n';
    }
};


void main()                                //main()函数测试部分
{
    Student s1(9907105,"张一","男",20,86);  //调用构造函数
    s1.Print();                            //输出
    s1.SetCpp(92);                         //修改 C++成绩
    s1.Print();
    Student s2;                            //调用缺省的构造函数
    s2.Print();
    s2=s1;
    s2.Print();
}
```

4. 思考

(1) 当类中没有定义缺省的构造函数时,是否会出现语法错误?

(2) 当缺省的构造函数的函数体为空时,输出对象 s2 的成员数据时,会出现什么结果?

16.3　实 验 指 导

16.3.1　日期类的声明和对象的定义

1. 题目要求

声明一个日期类,有成员数据:年、月、日;有成员函数:构造函数实现对所有成员数据的初始化;输出的成员函数,要求输出格式为:年-月-日。main()完成对象的定义和输出成员函数的测试。

2. 分析

成员数据年、月、日应该为整型数,并限定为私有访问权限;成员函数限定为公有访问权限。构造函数实现对所有成员数据的初始化,所以构造函数的形参个数和类型与成员数据的个数和类型一致。

值得注意的是:构造函数实现成员数据初始化时,赋值号的左边是成员名,右边是形参名。

请完成程序代码的编写、调试,并得到正确结果。

3. 思考

如果考虑输入的年、月、日数据是合法数据(即不允许出现 13 月、32 日等),构造函数应如何处理?

16.3.2　集合类的声明和对象的定义

1. 题目要求

声明一个集合类,有成员数据:int a[10];有成员函数:构造函数(要求完成对数组 a 中所有元素的初始化);输出的成员函数,要求每行输出 5 个数;判断一个数是否在数组中的函数,如果在数组中,返回数组中下标的值。main()完成对象的定义和相关成员函数的测试。

2. 分析

构造函数要求完成对数组 a 中所有元素的初始化,其形参应该提供一个具有 10 个数据的数组或指向该数组的指针变量。如:

```
构造函数名(int b[])
{    int i;
     for(i=0;i<10;i++)a[i]=b[i];
}
```

判断一个数是否在数组中的成员函数,其函数返回值为数组元素的下标,函数的返回值类型应该是整型,考虑到下标的范围在 $0 \sim 9$ 之间,因此当数组中不存在所找数据时,返回的值应该不在下标范围内,可设定返回 -1。

```
int Find(int x)
{   int i;
    for(i=0;i<10;i++)if(a[i]==x)return i;
    return -1;
}
```

请完成程序代码的编写、调试,并得到正确结果。

3. 思考

在类中增加数组排序的成员函数,并进行相应的测试。

16.3.3 职工类的声明和对象的定义

1. 题目要求

声明一个职工类,有成员数据:工号、姓名、性别、基本工资、奖金、总工资;要求有如下成员函数:构造函数、修改基本工资和奖金的函数、输出所有成员的函数。main()完成对象的定义和有关成员函数的测试。

2. 分析

构造函数中,总工资可以通过计算得到,所以不需要通过形式参数对总工资进行初始化。

请完成程序代码的编写、调试,并得到正确结果。

实验 **17** 构造函数和析构函数

17.1 概　述

1. 目的要求

(1) 掌握拷贝构造函数的定义和使用方法。

(2) 理解深拷贝和浅拷贝的含义。

(3) 理解析构函数的定义和使用。

2. 案例内容

学生类的声明及其对象的初始化(含有指针成员)。

3. 实验内容

(1) 通讯录类的声明和对象的定义。

(2) 线性表类的声明和对象的定义。

17.2 案　例

案例 18　含有指针成员学生类的声明及其对象的初始化

1. 问题的提出

学生类有成员数据:学号、姓名、年龄、C++成绩,其中姓名用字符类型的指针成员。要求有如下成员函数:构造函数、拷贝构造函数、析构函数、输出所有成员的函数。main()完成对象的定义和有关成员函数的测试。

2. 分析

当成员数据含有指针成员时,构造函数中需要通过 new 运算符为指针成员动态分配空间;在完成拷贝功能的构造函数中,为确保每个指针成员有自己独立的空间,需要采用深拷贝,该类必须自定义析构函数,通过 delete 运算符释放动态分配的空间。

构造函数的作用是完成对对象的成员数据的初始化,非指针类型的数据成员可以通过常用的方法直接实现,而指针成员必须通过 new 运算符为其动态分配空间,然后进行初始化。

　　拷贝构造函数是把已定义的该类对象作为参数,定义新对象。定义拷贝构造函数时,其形参必须是该类对象的引用。为保证两个对象完全相同,新对象的指针成员所分配的空间,必须和作为参数的对象对应的指针成员分配相同大小的空间。当类中没有自定义的拷贝构造函数时,C++ 编译器会自动产生一个缺省的拷贝构造函数。其构造函数形式为:

```
Student(Student &s)
{
    Id=s.Id;
    Name-s.Name;
    Age=s.Age;
    Cpp=s.Cpp;
}
```

　　由于该拷贝构造函数使指针成员与提供初始化对象的指针成员共享空间,程序实现时,将产生错误。该形式的拷贝构造函数称为浅拷贝。

　　当构造函数中含有 new 运算符动态分配空间,该类必须自定义析构函数,当对象撤销时,由析构函数中的 delete 运算符释放由 new 运算符所分配的空间。

3. 程序代码

```
class Student{            //学生类的声明
    int Id;               //学号
    char * Name;          //姓名
    int Age;              //年龄
    float Cpp;            //C++成绩
public:
    Student(int i,char * n,int a,float c)
    {    //构造函数
        if(n){
            Name=new char[strlen(n)+1];
            //为 Name 指针成员分配空间,其长度为 n 字符串长度加 1
            strcpy(Name,n);
        }else Name=0;         //如果提供初始化的字符串为空,则指针为空
        Id=i;
        Age=a;
        Cpp=c;
    }
    Student(Student &s)
    {    //拷贝构造函数——深拷贝
        if(s.Name){
            Name=new char[strlen(s.Name)+ 1];
        //为 Name 指针成员分配空间,其长度是提供初始化对象的对应指针成员 Name 长度加 1
```

```
            strcpy(Name,s.Name);
        }else Name=0;
        //如果提供初始化对象的对应指针为空,则该指针也为空


        Id=s.Id;
        Age=s.Age;
        Cpp=s.Cpp;
    }
    ~Student(){if(Name)delete []Name;}
    //因为构造函数为指针成员 Name 动态分配空间,在撤销对象时,需要通过 delete
    //运算符释放所分配的空间


    void Print()                        //输出成员数据的函数
    {
        cout<<"学号:"<<Id<<"\t 姓名:"<<Name;
        cout<<"\t 年龄:"<<Age<<"\tC++成绩:"<<Cpp<<'\n';
    }
};


void main()                            //main()函数测试部分
{
        Student s1(9907105,"张一",20,86);   //调用构造函数
        s1.Print();                        //输出
        Student s2(s1);                    //调用拷贝构造函数完成 s2 对象的初始化
        s2.Print();


}
```

4. 思考

(1) 当类中没有自定义拷贝构造函数时(即采用浅拷贝),该程序会出现什么样的错误?

(2) 当类中没有自定义析构函数时,该程序运行时,C++编译器并不提示错误信息,但程序还是不正确的,应如何理解?

17.3　实验指导

17.3.1　通讯录类的声明和对象的定义

1. 题目要求

声明一个通讯录类,含姓名、地址、电话号码成员数据,其中姓名和电话号码使用字符数组,地址使用字符类型的指针成员。要求有如下成员函数:构造函数、拷贝构造函数、析构函数、输出所有成员的函数。main()完成对象的定义和有关成员函数的测试。

2．分析

构造函数中,姓名和电话号码使用字符数组,可直接使用字符串拷贝函数(strcpy)实现初始化;而地址成员是字符指针,首先需要通过 new 运算符为指针成员动态分配空间,然后才可以使用字符串拷贝函数完成初始化。

当类中含有指针成员时,拷贝构造函数必须采用深拷贝的方法,确保每个指针成员有自己独立的空间。特别强调,定义拷贝构造函数时的形参必须是该类对象的引用。初始化时,必须对每个成员作一一赋值。

由于构造函数中有 new 运算符,必须显式的定义析构函数,函数体中使用 delete 运算符释放指针成员所分配的空间。

请完成程序代码的编写、调试,并得到正确结果。

3．思考

如果把姓名、电话号码也使用字符指针,如何修改构造函数和析构函数?

17.3.2 线性表类的声明和对象的定义

1．题目要求

声明一个线性表类,有成员数据:float ∗ List;(指向线性表的指针)、int Max;(线性表的长度)、int Num;(线性表中实际元素个数)。要求有如下成员函数:构造函数、拷贝构造函数、析构函数、在线性表尾增加一个元素、输出所有成员的函数。main()完成对象的定义和有关成员函数的测试。

2．分析

在构造函数中,需要通过 new 运算符为 List 动态分配空间,分配的长度由成员 Max 决定,假设线性表类名为 LineList,则构造函数形式可以为:

```
LineList(int n=10)
{
    List=new float[n];        //为 List 指针成员分配空间,其长度为 n
    Max=n;
    Num=0;
}
```

拷贝构造函数必须采用深拷贝的方法,确保线性表中指向线性表的指针成员有自己独立的空间。要求对对象的每个成员、线性表中的每个元素作一一赋值,则拷贝构造函数形式可以为:

```
LineList(LineList &l)
{    //拷贝构造函数——深拷贝
    Max=l.Max;          //为成员赋值
    Num=l.Num;
    List=new float[l.Max];
    //为 List 指针成员分配空间,其长度与提供初始化对象的 List 相同
    for(int i=0;i<Num;i++)List[i]=l.List[i];   //为每个元素赋值
```

```
}
```

在为线性表中添加数据时,需要检查线性表中是否还有多余空间,如果还有,直接把数据添加末尾,否则需要重新产生一个具有更多空间的线性表,并把原线性表的元素复制到新线性表中,把指针成员 List 指向新线性表。其函数形式可以为:

```
void Add(float x)
{
    if(Num<Max)List[Num++]=x;
    else
    {
        float * list;
        list=new float[Max+5];
        for(int i=0;i<Num;i++)list[i]=List[i];
        delete List;
        Max=Max+5;
        List=list;
        List[Num++]=x;
    }
}
```

由于构造函数中有 new 运算符,同样需要显式地定义析构函数,函数体中使用 delete 运算符释放指针成员所分配的空间。

请完成程序代码的编写、调试,并得到正确结果。

3. 思考

如何在线性表中删除一个指定的数据,该如何进行?

实验 *18* 继承与派生的概念与设计

18.1 概　　述

1. 目的要求

（1）理解继承与派生、单继承与多继承的概念。

（2）理解基类与派生类的定义及使用方法。

（3）理解派生类对象及初始化方法。

2. 案例内容

由基类在校人员类派生学生类。

3. 实验内容

（1）由基类圆类派生圆柱体类。

（2）由在校人员类作为基类派生教师类。

（3）由学生类、课程类作为基类，共同派生选课类。

18.2 案　　例

案例 19　由基类在校人员类派生学生类

1. 问题的提出

基类在校人员类有成员数据：编号、姓名、性别、年龄，要求有如下成员函数：构造函数、获取编号的函数和输出所有成员的函数。

把在校人员类作为基类，通过公有继承，派生学生类，派生类新增成员数据有数学、物理、英语和 C++ 程序设计四门课程以及总成绩；新增成员函数有构造函数和输出所有成员的函数。main() 完成派生类对象的定义和有关成员函数的测试。

2. 分析

派生类将继承基类中的成员数据和成员函数，但构造函数不可以继承，派生类中需要重新定义构造函数。在派生类的构造函数中，不仅需要完成新增成员数据的初始化，还需要对从基类中继承来的成员数据进行初始化。因此在定义派生类的构造函数时,需要对基类构造函数的调用说明。

当定义派生类对象时,系统将首先调用基类的构造函数,完成基类成员的初始化,之后执行派生类的构造函数,完成新增成员数据的初始化。

3. 程序代码

```cpp
class Person{                    //基类在校人员类的声明
    int Id;                      //编号:学生为学号,教师为教师编号等
    char Name[20];               //姓名
    char Sex[4];                 //性别
    int Age;                     //年龄
public:
    Person(int i,char * n,char * s,int a)
    {    //基类的构造函数
        Id=i;
        strcpy(Name,n);
        strcpy(Sex,s);
        Age=a;
    }
    int GetId(){return Id;}      //获取编号的函数
    void Print()                 //输出成员数据的函数(不含编号)
    {
        cout<<"姓名:"<<Name<<"\t性别:"
            <<Sex<<"\t年龄:"<<Age;
    }
};


class Student:public Person //派生类学生类的声明
{
    float Math;                  //数学成绩
    float Phy;                   //物理成绩
    float Eng;                   //英语成绩
    float Cpp;                   //C++成绩
    float Total;                 //总成绩
public:
    Student(int i,char * n,char * s,int a,
            float m,float p,float e,float c):Person(i,n,s,a)
    {    //派生类的构造函数
        Math=m;
        Phy=p;
        Eng=e;
        Cpp=c;
        Total=Math+Phy+Eng+Cpp;
    }
    void Show()                  //输出成员数据的函数
```

```
    {
        cout<<"学号:"<<GetId()<<'\t';
        Print();
        cout<<"\n数学:"<<Math<<"\t物理:"<<Phy<<"\t英语:";
        cout<<Eng<<"\tC++:"<<Cpp<<"\t总成绩:"<<Total<<'\n';
    }
};


void main()                        //main()函数测试部分
{
    Student s1(9907105,"张一","男",20,76,90,82,86);
    //调用派生类构造函数
    s1.Show();                //输出
}
```

4. 思考

(1) 当基类中定义了默认的构造函数时,如果派生类的构造函数中没有对基类构造函数的调用说明,是否会出现语法错误?

(2) 针对该例而言,若把公有继承改为私有继承,程序运行时是否会出现错误?

18.3　实　验　指　导

18.3.1　由基类圆类派生圆柱体类

1. 题目要求

声明一个圆类作为基类,含成员数据半径 R;有成员函数:构造函数实现对基类成员数据的初始化、计算圆面积的成员函数、输出的成员函数,要求输出圆半径 R。

把圆类作为基类,通过公有继承,派生圆柱体类,派生类新增成员数据有高(H);新增成员函数有构造函数、计算圆柱体体积的函数、输出所有成员的函数。main()完成派生类对象的定义和相关成员函数的测试。其 main()函数为:

```
void main()
{
    Cy c(10,20);
    c.Print();
}
```

要求程序输出结果为:

圆半径:10　高:20　面积为:314.15　体积为:6283

2. 分析

根据题目要求和输出结果可以看出,输出圆半径是通过基类中的输出成员函数完成的,其他的输出项都需要在派生类的输出成员函数 Print()函数中完成。

请完成程序代码的编写、调试,并得到正确结果。

3. 思考

把圆类作为基类,派生圆锥体类、球类,程序该如何修改?

18.3.2　由在校人员类作为基类派生教师类

1. 题目要求

声明一个在校人员类作为基类,其声明方法请参考案例。

把在校人员类作为基类,通过公有继承,派生教师类,派生类新增成员数据有教学课时、科研经费;新增成员函数有构造函数、输出所有成员的函数。

main()完成派生类对象的定义和有关成员函数的测试。

2. 分析

该实验请参考案例。

请完成程序代码的编写、调试,并得到正确结果。

3. 思考

如果在派生类教师类中增加一个成员数据:编号,并且成员名与基类的成员名相同。其中在校人员中的编号表示职工编号,教师类中的编号是教师编号,在继承与派生关系中,是冲突吗? 在派生类中如何使用派生类自己的编号成员? 如何使用基类的编号成员?

18.3.3　由学生类、课程类作为基类,共同派生选课类

1. 题目要求

声明一个学生类,有成员数据:学号、姓名、性别、年龄,要求有如下成员函数:构造函数、输出所有成员的函数。

声明一个课程类,有成员数据:课程编号、课程名称、学时数,要求有如下成员函数:构造函数、输出所有成员的函数。

将学生类和课程类作为基类,通过公有继承,共同派生选课类,派生类新增成员数据有:成绩;新增成员函数有:构造函数、输出所有成员的函数。

main()完成派生类对象的定义和有关成员函数的测试。

2. 分析

由于该派生类是由两个基类共同派生,所定义的派生类构造函数时不仅需要完成派生类自己新增成员数据的初始化,同时还需要对两个基类中继承来的成员数据进行初始化。因此在定义派生类的构造函数时,需要对两个基类构造函数的调用说明。

基类和派生类的参考样式如下:

```
class Student{
    int Id;
    char Name[20];
    char Sex[4];
    int Age;
```

```
public:
    Student(int i,char * n,char * s,int a)
    {…}
    …
};

class Course{
    int Cid;
    char Cname[20];
    int Chour;
public:
    Course(int ci,char * cn,int ch)
    {…}
    …
};

class Elective:public Student,public Course
{
    float Grade;
public:
    Elective(int i,char * n,char * s,int a,int ci,char * cn,int ch,float g)
    :Student(i,n,s,a),Course(ci,cn,ch)
    {Grade=g;}
    …
};
```

请完成程序代码的编写、调试,并得到正确结果。

3. 思考

如果把基类学生类的成员数据"学号"和课程类的成员数据"课程编号"使用相同的成员名,且所有数据成员的访问权限都会公有,则是否可能会引起冲突? 如果是,假设在派生类中分别输出基类的、派生类的所有成员,该如果解决?

实验 19   继承与派生的应用

19.1 概   述

1. 目的要求

(1) 理解继承与派生过程中,一个基类派生多个子类的概念及应用。

(2) 理解继承与派生过程中,把派生类作为基类构成类族的概念及应用。

(3) 理解虚基类的概念。

2. 案例内容

(1) 把在校人员类作为基类,派生研究生类、教师类的实现方法。

(2) 虚基类的应用。

3. 实验内容

(1) 由二维坐标类基类派生圆类;再由圆类作为基类派生圆柱体类。

(2) 把大学的学生类作为基类,派生博士生类、硕士生类和本科生类。

19.2 案   例

案例 20   由基类在校人员类派生研究生类和教师类

1. 问题的提出

基类在校人员类有成员数据:编号、姓名、性别、年龄,要求有如下成员函数:构造函数、获取编号的函数、输出所有成员的函数。

把在校人员类作为基类,通过公有继承,分别派生研究生类、教师类,其中研究生类新增成员数据有:考核成绩;教师类新增成员数据有:教学课时和课题经费。每个派生类需新增成员函数有:构造函数、输出所有成员的函数。

main()完成派生类对象的定义和有关成员函数的测试。

2. 分析

多重继承时,每个派生类都将继承基类中的所有成员数据和成员函数,但每个派生类中都需要重新定义构造函数。派生类的构造函数,一方面需要完成派生类自己新增成员数据的初始化,另一方面还需要完成从基类中继承来的成员数据的初始化。因此各派生类定义对象时,对基类中成员数据的初始化结果是不一样的,如研究生类的姓名是研究生姓名,教师类的姓名是教师姓名等。

3. 程序代码

```
class Person{                    //基类在校人员类的声明
    int Id;                      //编号:研究生为学号,教师为教师编号等
    char Name[20];               //姓名
    char Sex[4];                 //性别
    int Age;                     //年龄
public:
    Person(int i,char * n,char * s,int a)
    {    //基类的构造函数
        Id=i;
        strcpy(Name,n);
        strcpy(Sex,s);
        Age=a;
    }
    int GetId(){return Id;}      //获取编号的函数
    void Print()                 //输出成员数据的函数(不含编号)
    {
        cout<<"姓名:"<<Name<<"\t 性别:"<<Sex<<"\t 年龄:"<<Age;
    }
};


class Graduate:public Person     //派生类学生类的声明
{
    float Grade;                 //考核成绩
public:
    Graduate(int i,char * n,char * s,int a,float g)
    :Person(i,n,s,a)
    {    //派生类的构造函数
    Grade=g;
    }
    void ShowG()                 //输出成员数据的函数
    {
    cout<<"学号:"<<GetId()<<'\t';
    Print();
    cout<<"\t 考核成绩:"<<Grade<<'\n';
    }
};
```

```
class Teacher:public Person        //派生类教师类的声明
{
    int Hour;                      //教学课时
    float Task;                    //课题经费
public:
    Teacher(int i,char * n,char * s,int a,int h,float t)
    :Person(i,n,s,a)
    {   //派生类的构造函数
        Hour=h;
        Task=t;
    }
    void ShowT()                   //输出成员数据的函数
    {
    cout<<"教师编号:"<<GetId()<<'\t';
    Print();
    cout<<"\t教学课时:"<<Hour<<"\t课题经费:"<<Task<<"万元\n";
    }
};


void main()                        // main()函数测试部分
{
        Graduate g(9907105,"王羽","男",20,90);
        //调用派生类构造函数
        g.ShowG();                 //输出
        Teacher t(101006,"张一剑","男",45,120,65.5);
        t.ShowT();
}
```

4. 思考

请通过对两个派生类的定义方法比较,从中发现定义派生类方法的规律。

案例 21　虚基类的应用

1. 问题的提出

将案例 20 中的研究生类和教师类作为基类,共同派生教师在职研究生类。

2. 分析

将案例 20 中的研究生类和教师类作为基类,共同派生教师在职研究生类时,教师在职研究生类中将分别从研究生类和教师类各继承一次在校人员类的所有成员,也就是教师在职研究生类中有两个编号:学号和教师编号、两个姓名等。

为使教师在职研究生类只保留一份共同基类(在校人员类)的成员,就要求把在校人员类说明为虚基类。由虚基类经过一次或多次派生出来的派生类,在每一个派生类的构造函数的成员初始化列表中,必须给出对虚基类的构造函数的调用,如未列出,则调用虚基类的默认构造函数。

3. 程序代码

```
class Graduate:virtual public Person        //派生类学生类的声明
{
    float Grade;                            //考核成绩
public:
    Graduate(int i,char * n,char * s,int a,float g)
    :Person(i,n,s,a)
    {                                       //派生类的构造函数
        Grade=g;
    }
    float GetG(){return Grade;}
    void ShowG()                            //输出成员数据的函数
    {
        cout<<"学号:"<<GetId()<<'\t';
        Print();
        cout<<"\t考核成绩:"<<Grade<<'\n';
    }
};


class Teacher:public virtual Person         //派生类教师类的声明
{
    int Hour;                               //教学课时
    float Task;                             //课题经费
public:
    Teacher(int i,char * n,char * s,int a,int h,float t)
    :Person(i,n,s,a)
    {       //派生类的构造函数
        Hour=h;
        Task=t;
    }
    int GetH(){return Hour;}
    float GetT(){return Task;}
    void ShowT()                                //输出成员数据的函数
    {
        cout<<"教师编号:"<<GetId()<<'\t';
        Print();
        cout<<"\t教学课时:"<<Hour<<"\t课题经费:"<<Task<<"万元\n";
    }
};


//派生类教师在职研究生类的声明
class InGrade:public Graduate,public Teacher
```

```
{
public:
    InGrade(int i,char * n,char * s,int a,float g,int h,float t)
    :Graduate(i,n,s,a,g),Teacher(i,n,s,a,h,t),Person(i,n,s,a)
    {}    //最终派生类的构造函数
    void ShowI()                                //输出成员数据的函数
    {
    cout<<"编号:"<<GetId()<<'\t';
    Print();
    cout<<"\t考核成绩:"<<GetG()<<"\t教学课时:"<<GetH()<<"\t课题经费:"<<GetT()
    <<"万元\n";
    }
};

void main()                                     // main()函数测试部分
{
        Graduate g(9907105,"王羽","男",20,90);
        //调用派生类构造函数
        g.ShowG();                              //输出
        Teacher t(101006,"张一剑","男",45,120,65.5);
        t.ShowT();
        InGrade a(101006,"王波","男",35,86,40,12.75);
        a.ShowI();
}
```

4. 思考

如果没有将在校人员类说明为虚基类,测试其结果。

19.3 实 验 指 导

1. 实验内容 1

(1) 题目要求

声明二维坐标类作为基类派生圆的类,把派生类圆作为基类,派生圆柱体类。其中基类二维坐标类有成员数据:x、y 坐标值;有成员函数:构造函数实现对基类成员数据的初始化、输出的成员函数,要求输出坐标位置。派生类圆类有新增成员数据:半径(R);有成员函数:构造函数实现对成员数据的初始化、计算圆面积的成员函数、输出的成员函数,要求输出圆半径(R)。派生圆柱体类新增成员数据有高(H);新增成员函数有构造函数、计算圆柱体体积的函数、输出所有成员的函数。

(2) 分析

请参考实验 18 和本实验的样例,完成程序代码的编写、调试,并得到正确结果。

(3) 思考

把圆类作为基类,除派生圆柱体类外,还同时派生圆锥体类、球类,程序该如何扩展?

2. 实验内容 2

（1）题目要求

声明一个学生类，有成员数据：学号、姓名、性别、年龄，要求有如下成员函数：构造函数、输出所有成员的函数。

把学生类作为基类，通过公有继承，分别派生博士生类、硕士生类、本科生类，其中博士生类新增成员数据有科研工作量和论文数；硕士生类新增成员数据有考核成绩和是否参加科研项目（1—表示参加，0—表示未参加）。本科生类新增成员数据有获得课内学分数和课外学分数。每个派生类需新增成员函数有构造函数、输出所有成员的函数。

（2）分析

请参考本实验的案例，完成程序代码的编写、调试，并得到正确结果。

（3）思考

如果把学生类的输出成员函数取消，在派生类中，输出所有成员的函数应该如何实现？

实验 20 虚函数的概念与应用

20.1 概　述

1. 目的要求

(1) 掌握虚函数的概念,理解虚函数的特性。

(2) 理解虚函数动态多态性的实现方法。

(3) 理解纯虚函数的概念及应用。

2. 案例内容

(1) 虚函数的定义和使用:把在校人员类作为基类,派生研究生类、教师类,通过虚函数完成输出。

(2) 纯虚函数的应用。

3. 实验内容

(1) 参照实验 19 中的实验内容 1,由二维坐标类基类派生圆类;再由圆类作为基类派生圆柱体类,通过虚函数完成输出。

(2) 将"实验内容 1"改为通过纯虚函数完成输出。

(3) 参照实验 19 中的实验内容 2,把大学的学生类作为基类,派生博士生类、硕士生类、本科生类,通过虚函数完成输出。

(4) 将"实验内容 3"改为通过纯虚函数完成输出。

20.2 案　例

案例 22　虚函数的定义和使用

1. 问题的提出

参照实验 19 中的实验内容 2,把在校人员类作为基类,通过公有继承,分别派生研究生类、教师类,其中输出所有成员的函数用虚函数实现。

main()完成派生类对象的定义和有关成员函数的测试。

2. 分析

虚函数需要在基类的成员函数中,通过关键字 virtual 说明。由该基类所派生的所有派生类中,如果成员函数名、参数的个数、类型以及返回值类型基类的虚函数全部相同,则不管有无关键字 virtual 说明,该成员函数都将成为一个虚函数。

为此,把实验 19 中的案例 21 的输出函数做修改,并把函数名都改为同名函数,并在基类在校人员类中说明为虚函数。

实现动态多态时,需要通过基类的指针对象,使该指针对象指向不同派生类的对象,并通过指针对象调用虚函数,这样才能体现虚函数的特性。

3. 程序代码

```cpp
class Person{                    //基类在校人员类的声明
    int Id;                      //编号:研究生为学号,教师为教师编号等
    char Name[20];               //姓名
    char Sex[4];                 //性别
    int Age;                     //年龄
public:
    Person(int i,char * n,char * s,int a)
    {    //基类的构造函数
        Id=i;
        strcpy(Name,n);
        strcpy(Sex,s);
        Age=a;
    }
    int GetId(){return Id;}      //获取编号的函数
    void Show()
    {
        cout<<"姓名:"<<Name<<"\t 性别:"<<Sex<<"\t 年龄:"<<Age;
    }
    virtual void Print()         //输出成员数据的函数(说明为虚函数)
    {
        cout<<"编号:"<<Id<<"\t 姓名:"<<Name<<"\t 性别:"<<Sex;
        cout<<"\t 年龄:"<<Age<<'\n';
    }
};


class Graduate:public Person    //派生类学生类的声明
{
    float Grade;                 //考核成绩
public:
    Graduate(int i,char * n,char * s,int a,float g) :Person(i,n,s,a)
    {    //派生类的构造函数
        Grade=g;
    }
    void Print()                 //输出成员数据的函数
```

```
    {
        cout<<"学号:"<<GetId()<<'\t';
        Show();
        cout<<"\t考核成绩:"<<Grade<<'\n';
    }
};


class Teacher:public Person        //派生类教师类的声明
{
    int Hour;                      //教学课时
    float Task;                    //课题经费
public:
    Teacher(int i,char * n,char * s,int a,int h,float t)
    :Person(i,n,s,a)
    {   //派生类的构造函数
        Hour=h;
        Task=t;
    }
    void Print()                   //输出成员数据的函数
    {
        cout<<"教师编号:"<<GetId()<<'\t';
        Show();
        cout<<"\t教学课时:"<<Hour<<"\t课题经费:"<<Task<<"万元\n";
    }
};


void main()                        //main()函数测试部分
{
        Person p1(6007208,"李强","男",20), * p;
        Graduate g(9907105,"王羽","男",21,90);
        Teacher t(101006,"张一剑","男",45,120,65.5);
        p=&p1;
        p->Print();                //输出
        p=&g;
        p->Print();                //输出
        p=&t;
        p->Print();                //输出
}
```

4. 思考

与实验 19 中的案例进行比较,分析它们之间的差异。

案例 23　纯虚函数的应用

1. 问题的提出

将上例基类中的虚函数说明为纯虚函数,则该函数没有具体实现部分。在校人员类是抽象类。

2. 分析

当基类中说明为纯虚函数,在派生类中必须定义实现部分,基类不允许定义对象,只允许定义指针。

3. 程序代码

把基类在校人员类的虚函数改为纯虚函数,其他与上同。

```
virtual void Print()= 0;                //输出成员数据的函数说明为纯虚函数
```

派生类学生类和教师类的声明与上相同。

```
void main()                          // main()函数测试部分
{
        Person * p;
        Graduate g(9907105,"王羽","男",21,90);
        Teacher t(101006,"张一剑","男",45,120,65.5);
        p=&g;
        p->Print();                  //输出
        p=&t;
        p->Print();                  //输出
}
```

4. 思考

定义基类对象,编译时查看其错误信息。

20.3　实验指导

1. 实验内容 1

(1) 题目要求

参照实验 19 中的实验内容 1,把基类二维坐标类中的输出函数定义为虚函数,把派生类中所有输出函数定义为基类的同名函数,其参数个数、类型、返回值类型都一致。其中基类二维坐标类的输出成员函数,要求输出圆坐标位置。派生类圆的输出的成员函数,要求输出圆半径(R)和圆面积。派生类圆柱体的输出所有成员的函数,要求输出高和圆柱体体积的函数。

main()完成派生类对象的定义和有关成员函数的测试。

(2) 分析

请参考实验样例,完成程序代码的编写、调试,并得到正确结果。

2. 把实验内容 1 通过纯虚函数完成输出

（1）题目要求

参照实验内容 1，把基类二维坐标类中的输出函数定义为纯虚函数，其他不变。

main()完成派生类对象的定义和有关成员函数的测试。

（2）分析

基类二维坐标类中的输出函数定义为纯虚函数，在 main()函数中不可以定义对象。

请参考实验样例，完成程序代码的编写、调试，并得到正确结果。

3. 实验内容 3

（1）题目要求

参照实验 19 中的实验内容 2，把基类学生类中的输出函数定义为虚函数，把派生类中所有输出函数定义为基类的同名函数，且参数个数、类型、返回值类型都一致。其中基类增加一个输出部分成员数据的成员函数，以满足派生类中输出相关基类成员的要求。参考案例程序部分。

main()完成派生类对象的定义和有关成员函数的测试。

（2）分析

请参考实验样例，完成程序代码的编写、调试，并得到正确结果。

4. 把实验内容 3 通过纯虚函数完成输出

（1）题目要求

参照实验内容 3，把基类学生类中的输出函数定义为纯虚函数，其他不变。

main()完成派生类对象的定义和有关成员函数的测试。

（2）分析

请参考实验样例，完成程序代码的编写、调试，并得到正确结果。

实验 **21** 运算符重载的概念与应用(一)

21.1 概　述

1. 目的要求

(1) 掌握运算符重载的概念和应用。

(2) 掌握用函数成员实现运算符重载的方法。

(3) 理解用友元函数实现运算符重载的方法。

2. 案例内容

(1) 用函数成员实现圆类对象间的直接运算。

(2) 用友元函数实现圆类对象间的直接运算。

3. 实验内容

(1) 三维坐标类对象间的直接运算。

(2) 用函数成员实现线性表对象间的直接运算。

(3) 用友元函数实现线性表对象间的直接运算。

21.2 案　例

案例 24　用函数成员实现圆类对象间的直接运算

1. 问题的提出

圆类有数据成员半径 R 和面积成员 Volume,对象间运算时要求:自增、自减是半径 R 的自增、自减,"+"、"+="等其他算术运算是针对面积运算,但最终结果中半径 R 和面积 Volume 的值要求一致,即 πR^2 应等于面积 Volume。通过函数成员,实现"+"、前置"++"、后置"++"、"=="比较、"+="的运算符重载,实现圆类对象间的直接运算。

main()完成对象的定义和有关运算符重载函数的测试。

2. 分析

根据题目要求,在完成自增、自减运算时,半径 R 加或减 1,需重新计算圆面积。同样在完成其他算术运算时,要通过面积重新计算圆半径。通过函数成员实现时,二元运算符其对应的运算符重载函数有一个参数,一元运算符没有参数,但对自增、自减为了区分前置与后置,在后置的运算符重载函数中有一个 int 参数。

3. 程序代码

```
class Circle{                 //圆类和+,++,==,+=的运算符重载(函数成员实现)
    float R,Volume;
public:
    Circle(float r=0){R=r;Volume=3.14159 * R * R;}
    void Print()
    {
        cout<<"圆半径 R="<<R<<'\t'<<"圆面积="<<Volume<<'\n';
    }
    Circle operator+(Circle &c) //"+"
    {
        float r=R+c.R;
        return Circle(r);
    }
    Circle operator ++ ()                      //前置"++"
    {
        R++;
        Volume=3.14159 * R * R;
        return * this;
    }
    Circle operator ++ (int)                   //后置"++"
    {
        Circle t= * this;
        R++;
        Volume=3.14159 * R * R;
        return t;
    }
    int operator==(Circle c)                   //"=="
    {   return (R==c.R);}
    Circle &operator += (Circle &c)            //"+="
    {
        R+=c.R;                                //返回无名临时对象
        volume=3.14159 * R * R;
        return * this;
    }
};

void main()                                    // main()函数测试部分
{
        Circle c1(10),c2(20);
        Circle c3,c4,c5;
        c1.Print();
        c2.Print();
```

```
        c3=c1+c2;
        c3.Print();
        c4=++c2;
        c5=c2++;
        c4.Print();
        c5.Print();
        if(c4==c5)cout<<"c4,c5 两对象相等!\n";
        else cout<<"c4,c5 两对象不相等!\n";
        c5+=c1;
        c5.Print();
    }
```

4. 思考

(1) 对"＋"和"＋="运算符重载函数进行比较,分析它们之间实现方法的差异。

(2) 注意观察"＝＝"运算符重载函数的定义与使用方法。

案例 25　用友元函数实现圆类对象间的直接运算

1. 问题的提出

除了运算符重载函数使用友元函数实现外,其他和案例 24 相同。

2. 分析

通过友元函数实现时,运算符重载函数的参数个数和运算符的操作数个数相同,同样,为了区分前置与后置自增、自减,在后置的运算符重载函数中增加一个 int 参数。

3. 程序代码

```
class Circle{       //圆类和+,++,==,+=的运算符重载(友元函数实现)
    float R,Volume;
public:
    Circle(float r=0){R=r;Volume=3.14159 * R * R;}
    void Print()
    {
        cout<<"圆半径 R="<<R<<'\t'<<"圆面积="<<Volume<<'\n';
    }
    friend Circle operator+ (Circle &,Circle &);          //"+"
    friend Circle operator++ (Circle &);                  //前置"++"
    friend Circle operator++ (Circle &,int);              //后置"++"
    friend int operator== (Circle &,Circle &);            //"=="
    friend Circle operator+= (Circle &,Circle &);         //"+="
};
Circle operator+ (Circle &c1,Circle &c2)                  //"+"
{
    Circle t;
    t.Volume=c1.Volume+c2.Volume;
    t.R=sqrt(t.Volume/3.14159);
    return t;
}
```

```
Circle operator++(Circle &c)                                //前置"++"
{
    c.R++;
    c.Volume=3.14159 * c.R * c.R;
    return c;
}
Circle operator++(Circle &c,int)                            //后置"++"
{
    Circle t=c;
    c.R++;
    c.Volume=3.14159 * c.R * c.R;
    return t;
}
int operator==(Circle &c1,Circle &c2)                       //"=="
{    return (c1.R==c2.R);}
Circle &operator+=(Circle &c1,Circle &c2)                   //"+="
{
    c1.R+=c2.R;
    c1.Volume=3.14159 * c1.R * c1.R;
    return c1;
}
```

main()函数测试部分和案例 24 相同。

21.3 实 验 指 导

21.3.1　三维坐标类对象间的直接运算

1. 题目要求

二维坐标类有数据成员 X、Y、Z,对象间运算时要求通过函数成员实现"＋"、前置"－－"、"＝"的运算符重载,通过友元函数实现后置"－－"、"！＝"比较的运算符重载,实现三维坐标类对象间的直接运算。

main()完成对象的定义和有关运算符重载函数的测试。

2. 分析

请参考实验案例,完成程序代码的编写、调试,并得到正确结果。

3. 思考

注意"－－"前置和后置在运算符重载函数定义时参数和实现方法上的区别。

21.3.2　用函数成员实现线性表对象间的直接运算

1. 题目要求

声明一个线性表类,有成员数据:float ＊ List;(指向线性表的指针)、int Max;(线性表的长度)、int Num;(线性表中实际元素个数)。要求有如下成员函数:构造函数、析构函数、在线性表尾增加一个元素、输出所有成员的函数。运算符重载函数有通过函数成员实现"＋"(把两个线性表合并,第一线性表放在新线性表前面,第二线性表放后面)、"－"

（第一线性表中的元素如与第二线性表中的元素相同则删除）、"＝"赋值运算符重载（类的说明可参照实验 17 中的实验内容 2）。

main()完成对象的定义和有关成员函数的测试。

2. 分析

通过函数成员实现"＋"运算符重载，其运算结果的线性表的长度和元素个数均为两个线性表的长度和元素个数之和，实现时，把第一线性表先放入新线性表，第二线性表紧跟在后面。"＝"赋值运算符重载时，必须确保每个对象都有独立的线性表。实现"－"运算符重载时，需要定义一个判定一个数是否是线性表中元素的函数，当第一线性表中的元素与第二线性表中的元素相同则删除，删除后，还需把线性表中后面的元素前移。

假设线性表类名为 LineList，则相关函数的形式为：

```
LineList operator+ (LineList &l)
{        //"+"运算符重载函数
    int i,j;
    LineList t;
    t.Max=Max+l.Max;
    t.List=new float[t.Max];
    t.Num=Num+l.Num;
    for(i=0;i<Num;i++)t.List[i]=List[i];
    for(j=0;j<l.Num;i++,j++)t.List[i]=l.List[j];
    return t;
}


int In(LineList &l,float x)
{        //判定一个数是否是线性表中元素
    for(int i=0;i<l.Num;i++)
        if(l.List[i]==x)return 1;
    return 0;
}
LineList operator- (LineList &l)
{        //"-"运算符重载函数
    int i=0,j=0;
    LineList t= * this;
    while(i<t.Num)
    {
        if(In(l,t.List[i]))
        {
            for(j=i+1;j<t.Num;j++)              //删除数据时,把后面的数据前移
                t.List[j-1]=t.List[j];
            t.Num--;
        }else i++;
    }
    return t;
```

```
    }
    LineList & operator= (LineList &l)
    {                                              //赋值运算符重载函数
        if(this==&l)return * this;                 //如果赋值号两边是同一对象
        delete []List;
        Max=l.Max;                                 //为成员赋值
        Num=l.Num;
        List=new float[l.Max];
        //为 List 指针成员分配空间,其长度与提供初始化对象的 List 相同
        for(int i=0;i<Num;i++)List[i]=l.List[i];   //为每个元素赋值
        return * this;
    }
```

请参考实验样例,完成程序代码的编写、调试,并得到正确结果。

3. 思考

如果没有定义赋值运算符重载函数,程序是否能正常运行?

21.3.3　用友元函数实现线性表对象间的直接运算

1. 题目要求

将实验内容 2 中"＋"、"－"使用友元函数实现运算符重载,而赋值运算符重载函数必须通过函数成员实现,其他不变。

main()完成派生类对象的定义和有关成员函数的测试。

2. 分析

请参考实验内容提要,完成程序代码的编写、调试,并得到正确结果。

实验 **22** 运算符重载的概念与应用(二)

22.1 概 述

1. 目的要求

(1) 掌握字符串类有关运算符重载的实现。

(2) 理解类型转换函数的概念和应用。

2. 案例内容

利用友元运算符实现字符串类对象间的直接运算。

3. 实验内容

(1) 用类型转换函数计算学生类对象的平均成绩。

(2) 通过成员运算符实现字符串类对象间的直接运算。

22.2 案 例

案例 26 利用友元运算符实现字符串类对象间的直接运算

1. 问题的提出

字符串类有数据成员:char * Str,重载"+="实现两个字符串拼接,把第二字符串拼接到第一字符串的后面;重载"=="实现两个字符串比较,重载"-="实现字符串删除子串(如果字符串中包含子串,则删除子串),重载"="实现两个字符串赋值,其中赋值运算符重载通过函数成员实现,其他的运算符重载均通过友元函数实现。

main()完成对象的定义和有关运算符重载函数的测试。

2. 分析

重载"+="实现两个字符串拼接,把第二字符串拼接到第一字符串的后面时,首先通过临时对象完成两个字符串拼接,然后赋值给左操作数。重载"-="实现字符串删除子串,要求删除所有的子串,因此需要通过循环重复删除,直到把所有包含的子串删除。由于类中包含有指针数据成员,为保证参数值传递和使用函数的返回值,类中应定义拷贝的构造函数(当参数传递和函数的返回值都为引用时,可以不用定义拷贝的构造函数)。为保证对象赋值,需定义赋值运算符重载函数。

3. 程序代码

```
class String{                      //字符串类及运算符重载函数
protected:
    char * Str;
public:
    String(){Str=0;}
    String(String &);
    String(char * s)
    {
        Str=new char[strlen(s)+1];
        strcpy(Str,s);
    }
    ~String(){if(Str)delete []Str;}
    void Show() {cout<<Str<<'\n';}
    String&operator= (String &);
    friend String &operator+= (String &,String &);
    friend String &operator-= (String &,String &);
    friend int operator== (String &,String &);
};

String::String(String &s)
{    if(s.Str){
        Str=new char [strlen(s.Str)+1];
        strcpy(Str,s.Str);
    }
    else Str=0;
}
String &operator+= (String &s1,String &s2)
{    String t;
    t.Str=new char[strlen(s1.Str)+strlen(s2.Str)+1];
    strcpy(t.Str,s1.Str);
    strcat(t.Str,s2.Str);
    s1=t;
    return s1;
}
String &operator-= (String &s1,String &s2)
{    String t1=s1;
    char * p;
    while(1)
    {
```

```
    if(p=strstr(t1.Str,s2.Str))
{    if(strlen(t1.Str)==strlen(s2.Str))
    {    delete[]t1.Str;
         t1.Str=0;
         break;
    }
    String t2;                    //t2用来存放删除一个子串后的临时结果
    t2.Str=new char[strlen(t1.Str)-strlen(s2.Str)+1];
    char * p1=t1.Str, * p2=t2.Str;
    int i=strlen(s2.Str);
    while(p1<p) * p2++= * p1++;    //找到子串的前面部分先复制到 t2
    while(i){p1++;i-- ;}           //跳过子串
    while( * p2++= * p1++);        //复制子串的后面部分
    t1=t2;
    }
    else break;
    }
    s1=t1;
    return s1;
}
int operator==(String &s1,String &s2)
{    return !strcmp(s1.Str,s2.Str);}
String & String::operator=(String &s)
{    if(Str)delete []Str;
    if(s.Str){
    Str=new char[strlen(s.Str)+1];
    strcpy(Str,s.Str);
    }
    else Str=0;
    return * this;
}


void main()                          // main()函数测试部分
{
    String s1("SouthEast "),s2("University"),s3,s4,s5;
    s1.Show();
    s2.Show();
    s1+=s2;
    s1.Show();
    s1-=s2;
    s1.Show();
    if(s1==s2) cout<<"s1>s2 成立!\n";
    else cout<<"s1>s2 不成立!\n";
}
```

22.3　实验指导

22.3.1　用类型转换函数计算学生类对象的平均成绩

1. 题目要求

学生类有成员数据:学号、姓名、性别、年龄、英语、数学、物理、C++成绩;要求通过类型转换函数求平均成绩。

main()完成对象的定义和有关成员函数的测试。

2. 分析

平均成绩应该是一个含有小数部分的数,应定义一个从对象转换为 float 类型的类型转换函数,求对象的平均成绩。其类型转换函数形式为:

```
operator float()
{ return (英语+数学+物理+C++成绩)/4;}
```

请参考实验案例,完成程序代码的编写、调试,并得到正确结果。

3. 思考

大多数类中都可以定义类型转换函数,试想所学过的类中,哪一些类的哪些数据可以通过类型转换函数进行计算? 如学生类的总成绩等。

22.3.2　利用成员运算符实现字符串类对象间的直接运算

1. 题目要求

参照实验案例,字符串类有数据成员:char * Str,用成员运算符,重载"＋＝"实现两个字符串拼接,把第二字符串拼接到第一字符串的后面;重载"＝＝"实现两个字符串比较,重载"－＝"实现字符串删除子串(如果字符串中包含子串,则删除子串),重载"＝"实现两个字符串赋值,通过类型转换函数,计算字符串中的单词个数(单词与单词间用 1 到多个空格分开)。

main()完成对象的定义和有关运算符重载函数的测试。

2. 分析

请参考实验样例,完成程序代码的编写、调试,并得到正确结果。

实验**23** 文本文件的输入输出程序设计

23.1 概 述

1. 目的要求

（1）深刻理解文件的概念。

（2）掌握文件操作的正确步骤。

（3）掌握文本文件的读写。

2. 案例内容

（1）对磁盘文件的读写处理（数值数据）。

（2）对磁盘文件的读写处理（字符数据）。

3. 实验内容

（1）数值数据文本文件的读写操作。

（2）字符数据文本文件的读写操作。

23.2 案 例

案例 27 对磁盘文件的读写处理（数值数据）

1. 问题的提出

假设对于给定的 n＝1,2,…,10。分别按下式计算出 10 组对应要求的数值数据（ze,si,zf）：

整数 ze＝2＊n；实数 si＝n＊n＋sqrt(n)；字符 zf＝'a'＋n−1

（1）将这 10 组数据保存到一个自定义的磁盘文件中（例如：e:\temp\mydat.txt）。

（2）将保存到磁盘文件中的数据读出并显示到屏幕上。

2. 分析

文件（file）是一个物理概念，代表存储着信息集合的某个外部介质，它是 C++ 语言对具体设备的抽象。所有流（类对象）的行为都是相同的，而不同的文件则可能具有不同的行为。当程序与一个文件交换信息时，必须通过"打开文件"的操作将一个文件与一个流(类对象)联系起来。一旦建立了这种联系,以后对该流(类对象)的访问就是对该文件的访问。可通过关闭文件的操作将一个文件与流(类对象)的联系断开。

在头文件"fstream. h"中预定义了一批文件流类(类型),它们是专用于磁盘文件 I/O 的基本流类(类型)。最常用的是 ifstream(输入流类,用于读磁盘文件)、ofstream(输出流类,用于写磁盘文件)以及 fstream(输入输出流类,用于磁盘文件的读写)。对自定义磁盘文件进行读写时,必须遵照如下的一般处理步骤:打开文件、对文件进行读写操作和关闭文件。

打开文件可以用以下两种不同的方式:

(1) 在建立文件流对象的同时打开文件,如:

```
ofstream fout("e:\\temp\\mydat.txt");
```

或

```
ifstream fin("e:\\temp\\mydat.txt");
```

(2) 先建立文件流对象,在稍后合适的时候再打开文件,如:

```
ifstream fin;
...
fin.open("e:\\temp\\mydat.txt");
```

或

```
ofstream fout;
...
fout.open("e:\\temp\\mydat.txt");
```

注意:在用字符串常量表示一个文件名时,文件路径中的"\"必须表示为转义字符"\\",因此上面的"e:\\temp\\mydat. txt"所表示的全路径文件名是:

```
e:\temp\mydat.txt
```

文件的读写操作有以下两种方式:

(1) 使用提取运算符(>>)、插入运算符(<<),例如:

```
fin>>ze>>si>>zf;
fout<<ze<<" "<<si<<" "<<zf<<" "<<'\n';
```

(2) 使用流类对象的成员函数对文件进行读写操作,例如:

```
char ch;
fin.get(ch);        //从输入文件流 fin 所关联的文件 e:\temp\mydat.txt 中
                    //读取一个字符赋予变量 ch
fout.put(ch);       //将变量 ch 中字符写入到输出文件流 fout 所关联的文件
                    //e:\temp\mydat.txt 中去
```

　　但要注意这两种读入方式的区别：以 get 来读入字符时，总认为"空格"、"Tab"键、"换行"等这些空白字符均为一个输入字符；但若使用提取算符"＞＞"来读入字符时，在默认情况下，将不会输入"空格"、"Tab"键、"换行"等空白字符。

　　如若需要，也可先通过使用流类对象的成员函数"unsetf(ios::skipws);"，之后再使用运算符"＞＞"进行读入，将会输入上述空白字符。

　　关闭文件由 close 成员函数完成：

```
fout.close();
fin.close();
```

3. 程序代码

```
#include<iostream.h>
#include<fstream.h>
#include<math.h>
#include<iomanip.h>
void main()
{
ofstream fout("e:\\temp\\mydat.txt");
        //打开需写入数据的文本文件"mydat.txt"(流对象 fout 与其对应)
int n,ze;
double si;
char zf;
for(n=1;n<=10;n++)          //计算出 10 组(ze,si,zf)并写到文件中
{
    ze=2*n;                 //产生的满足题意整数
    si=n*n+sqrt(n);         //产生的满足题意实数
    zf='a'+n-1;             //产生的满足题意字符
    fout<<ze<<" "<<si<<" "<<zf<<" "<<'\n';
                            //把产生的一组整数、实数和字符写入文件"mydat.txt"
}
fout.close();               //关闭输出文件
ifstream fin("e:\\temp\\mydat.txt");
                            //打开用于读的文本文件"mydat.txt"(流对象 fin 与其对应)
for(n=1;n<=10;n++)          //将保存的磁盘文件中的 10 组数据读出并显示到屏幕上
{
    fin>>ze>>si>>zf;
    cout<<"ze="<<setw(4)<<ze<<", si="<<setw(8)<<si<<", zf="<<zf<<endl;
}
fin.close();                //关闭输入文件
}
```

4. 思考

（1）打开文件时，一般要判断打开是否成功。若文件打开成功，则文件流对象值将为非零值；若打开不成功，则文件流对象值为 0。

请读者针对本案例写出适合的测试文件流 fin 打开文件是否成功的程序段。

(2) 使用成员函数 get、put 对文件进行读写操作。

请读者自行考虑实现的程序代码。

案例 28　对磁盘文件的读写处理（字符数据）

1. 问题的提出

使用 getline 成员函数读出某个文本文件（假设该文本文件是一个 C++ 源程序），将该文件的各程序行中的带注释符"//"后的注释删除掉，并将删除注释后的程序行写到与读入文件相对应的另一个文件中。

2. 分析

首先，在项目文件夹 p23_2 中创建一个或多个不需要用来处理的程序文件，即为用来删除注释内容的程序，此处假设其中的一个文本文件源程序 a.cpp（它并不包含在项目空间中），它有如下的程序（每行都有注释）：

```
void main(void)                          //主函数
{
    int i=1,j=2;                         //说明变量 i,j 并赋予初值
    cout<<"i="<<i<<'\t'<<"j="<<j;        //输出变量 i,j 的值

}
```

用户从键盘输入需处理的一个 C++ 源程序文件名 fileName，并通过"ifstream fin(fileName,ios::nocreate)"的方式打开一个已存在文件。文件打开的方式有以下 8 种：

```
ios::in          //按读(输入)方式打开文件,若文件不存在,则自动建立新文件
ios::out         //按写(输出)方式打开文件,若文件不存在,则自动建立新文件
ios::ate         //打开文件,使文件读写指针移到文件末尾
ios::app         //打开文件,不删除文件数据,将新数据增加到文件尾部
ios::trunc       //打开文件,并清除原有文件数据(默认方式)
ios::nocreate    //只能打开已存在文件,如文件不存在则打开失败。通常 nocreate 方式
                 //不单独使用,总是与读写方式同时使用
ios::noreplace   //建立新文件,如文件已存在则建立失败
ios::binary      //必须明确指定 binary 方式打开文件才是二进制文件,该标识总是与读
                 //写同时使用,表示打开二进制文件
```

在使用上述打开方式时，可以把多种方式结合在一起使用，中间用运算符"|"连接。

然后通过在当前文件名 fileName 的前面加上"DEL"而形成一个被写文件名 outfName（通过字符串库函数 strcpy、strcat 实现），之后通过"ofstream fout(outfName);"的方式打开用于写删除注释后的另一个文件。

最后通过成员函数 getline 从 fin 流类对象所对应的文件中依次读入每一行进行处理

直至结束。

字符串输入的成员函数 getline 的声明格式如下：

```
istream &istream::getline(char * ,int,char ='\n');
```

函数中第一个参数为字符数组的指针，用来存放提取的多个字符；第二个参数表示最多能提取的字符个数－1（因为尾部需增加的字符串结束标志符'\0'）。第三个参数是读取字符串时指定的结束字符，默认为换行符('\n')。调用函数时，可以自定义结束字符，若没有指定第三个参数，则默认为换行符。

函数功能：依次从输入流中提取字符，直到遇到指定结束字符或达到规定的提取的字符个数时结束该函数的执行。

对某一程序行删除注释的任务由自定义的函数，如"void DelComments(char * str){…}"来完成，由它负责将参数 str 带来的程序行中的注释删除掉，并仍通过该指针参数返回结果字符串到调用处。

3. 程序代码

```cpp
#include<fstream.h>
#include<string.h>
void DelComments(char * str)      //删除需处理的源程序中行后注释的自定义函数
{
    int len=strlen(str);          //测读入的该行程序的长度
    for(int i=0;i<len-1;i++)      //找该行是否有注释符"//"
    {
        if(str[i]=='/'&&str[i+1]=='/')str[i]='\0';
                                  //找到后删除源程序行后的注释部分
    }
}
void main()
{
    char fileName[30];            //用来存放需要处理的文本文件的文件名
    cout<<" fileName=";
    cin.getline(fileName,30);     //输入需要用来处理的文本文件名,如:a.cpp
    ifstream fin(fileName,ios::nocreate);
                                  //打开需处理的读入文件,若该文件不存在则打开失败
    if(fin.fail())               //若打开读入文件失败,则 fin.fail()为 1
    {
        cout<<"Can not open file"<<endl;
        return;
    }
    char outfName[33];
                                  //用来存放处理完后需写出文本的文件名,该输出文件需
                                  //新建立
```

```
        strcpy(outfName,"DEL");
        strcat(outfName,fileName);      //新建立的写出文件名为:"DEL"+原文本文件名
        ofstream fout(outfName);        //建立并打开写出文本文件,如:DELa.cpp
        char str[101];
        fin.getline(str,100);           //从读入文本文件中读一行或 99 个字符
        while(!fin.eof())               //当读到文本文件的结束符时,fin.eof()为 1
        {
            int sourceLen=strlen(str);   //带注释的程序行的长度
            DelComments(str);            //调用删除注释任务的函数
            int resLen=strlen(str);  //不带注释的程序行的长度
            if(resLen>0||resLen==0&&sourceLen==0)
                fout<<str<<endl;         //将该行已删除注释的程序写入文本文件,包括空行
            fin.getline(str,100);        //继续读入下一行或后 99 个字符
        }
    }
```

4. 运行结果

将文本文件 a.cpp 中的注释部分删除后的内容存入 DELa.cpp 中。
DELa.cpp 的内容为:

```
void main(void)
{    int i=1,j=2;
     cout<<"i="<<i<<'\t'<<"j="<<j;
}
```

5. 思考

是否还有其他可行的方案能达到同样的目的? 请读者考虑。

23.3 实 验 指 导

23.3.1 数值数据文本文件的读写操作

1. 题目要求

用文本编辑程序产生一个包含某班同学一门课成绩(若干实数)的文本文件。编写一个程序,从该文本文件中依次读取每一个成绩,求出这些成绩的总分与平均分,然后将所求的结果在屏幕上显示并写入到原文本文件的尾部。

2. 分析

根据题目要求,首先在项目文件夹中,通过文本文件的编辑程序(例如:记事本、写字板)创建一个纯文本文件,例如:StudentGrade.txt,并输入相关的一些成绩(实数),数据之间用空格分隔。

通过如下方式打开该文本文件:

```
ifstream fin ("StudentGrade.txt ");
```

```
if (!fin)
{    cout<<"不能打开的文件:StudentGrade.txt \n";
     return;
}
```

然后通过使用提取算符"＞＞"或成员函数 get 读入数据,并计算和显示。关闭文本文件。

再通过如下方式打开该文本文件:

```
ofstream fout ("StudentGrade.txt ",ios∷ app);
if (!fout)
{    cout< < "不能打开的文件:StudentGrade.txt \n";
     return;
}
```

然后,通过使用插入算符"＜＜"或成员函数 put 输出数据。

最后,关闭文本文件。

请读者自行完成程序代码。

3. 思考

如何将文件中无序的成绩(若干实数),按升序方式写入一个新的文本文件?

提示:先将成绩读入到一个链表中,并排序,再将有序链表存入这个新的文件中。

23.3.2　字符数据文本文件的读写操作

1. 题目要求

使用 getline 成员函数先读出某个文本文件中的一篇文章(如可以是一个 C++ 源程序,文件名由用户从键盘输入),再统计出该文件的总行数 TotalLine,并找出且显示其中的最长行 MaxLineTxt 以及最短的非空行 MinLineTxt,而且还要求同时显示出它们的行号 MaxLineNum、MinLineNum 以及行长 MaxLineLen、MinLineLen。

2. 分析

根据题目要求,首先定义变量如下:

```
int TotalLine;
char MaxLineTxt[100],MinLineTxt[100];
int MaxLineNum,MinLineNum, MaxLineLen, MinLineLen;
```

在主函数中,由用户从键盘输入需处理的文件的名字 filename,然后通过"ifstream fin(filename,ios∷nocreate);"的方式打开该文件,并使它与 ifstream 流类对象 fin 相联系。

然后通过使用如下的循环模式来完成指定的任务。

```
while(!fin.eof())      //当没有处理到文件末尾时就继续循环
fin.getline(str,100);
```

对刚刚读入的新行 str 进行处理,处理工作使用自定义函数 count_file 来实现。

自定义函数 void count_file(char str[],int n){…}的功能是统计并分析读入的一行字符,并将统计结果存入相应的全局或静态变量。

最后,在主函数中输出并显示相关的统计结果,并关闭文件。

请读者自行完成程序代码。

实验 **24**
二进制文件的输入
输出程序设计

24.1 概　　述

1. 目的要求
（1）掌握二进制文件操作的正确步骤。
（2）掌握二进制文件输入输出成员函数的使用。
（3）掌握随机访问文件的函数。

2. 案例内容
binary 型学生数据文件的简单管理。

3. 实验内容
（1）二进制文件与文本文件之间的转换。
（2）通过移动文件的指针来实现文件的随机存取。

24.2 案　　例

案例 29　binary 型学生数据文件的简单管理

1. 问题的提出

采用 binary 文件形式对类对象数据进行存储与读写处理（使用 write 将类对象数据写出到某个自定义二进制磁盘文件中，然后再使用 read 读出这些类对象数据并进行处理）。

2. 分析

打开二进制文件时，无论是通过 open 成员函数还是通过构造函数与文件建立联系，都须包含 ios∷binary 标志。二进制文件的关闭方式与文本文件完全相同。例如：

```
ofstream fout("f1.dat",ios∷binary);
ifstream fin("f1.dat",ios∷binary);
```

```
fout.close();
fin.close();
```

对二进制文件的读操作通过 read()成员函数实现。read()函数的格式如下：

```
istream &istream::read(char * , int );
```

函数中第二个整型参数表示要读出数据的字节数，第一个参数是字符型指针，表示要读入的数据所存放的存储单元的地址。

对二进制文件的写操作通过 write()成员函数实现。write()函数的格式如下：

```
ostream &ostream::write(const char * ,int );
```

函数中第二个整型参数表示要写入数据的字节数，第一个参数也是字符型指针，表示要准备写入数据所存放的存储单元的地址。

当读取二进制数据文件时，可通过 eof()成员函数判断是否到文件结束位置。当读取数据到达文件结束位置时，eof()函数返回非零值，否则返回零值。eof()函数常用于读取数据时，判定数据是否读取完毕。

自定义一个类(类型)Stud，它具有如下 9 个数据成员：学号、姓名、班级、性别、年龄、数学成绩、语文成绩、英语成绩、奖惩记录。并具有 3 个成员函数，而且对插入运算符"<<"进行重载，其类定义格式如下：

```
class Stud                      //自定义学生类 Stud
{
public:
    long Num;                   //学号
    char Name[20];              //姓名
    int Cla;                    //班级
    char Sex;                   //性别
    int Age;                    //年龄
    float Math,Chinese,Eng;     //数学成绩、语文成绩、英语成绩
    char Rec[20];               //奖励记录
    void init_d(Stud * stu,int n);
            //将主函数 stu 数组中的初始数据依次写到自定义二进制磁盘文件中
    void write_d();
            //从键盘读入一个类对象数据,使用 write 函数
            //将其追加到自定义二进制磁盘文件的尾部
    void display_d();
        //使用 read 函数从文件中读出所有对象数据并显示在屏幕上
friend ostream& operator<<(ostream& out,Stud& stu);
        //友元函数重载运算符"<<",从而可以输出 stud 类对象
};
```

3. 程序代码

```
#include<fstream.h>
```

```cpp
#include<string.h>
class Stud                              //自定义学生类 Stud
{
public:
    long Num;
    char Name[20];
    int Cla;
    char Sex;
    int Age;
    float Math,Chinese,Eng;
    char Rec[40];
    void init_d(Stud * stu,int n);
    void write_d();
    void display_d();
    friend ostream& operator<<(ostream& out,Stud& stu);
};
void Stud::init_d(Stud * stu,int n)
        //将主函数 stu 数组中初试的 n 个学生数据写到自定义二进制文件中
{
    cout<<"----Init_D----"<<endl;
    ofstream fout("f1.dat",ios::binary);    //打开当前目录中的二进制文件 f1.dat
    for(int i=0;i<n;i++)
        fout.write((char * )(&stu[i]),sizeof(Stud));
                                //依次往二进制文件 f1.dat 中写学生数据
    fout.close();               //关闭二进制文件 f1.dat
}
void Stud::write_d()
            //从键盘中读取新的学生数据,并追加到二进制文件 f1.dat 末尾
{
    cout< < "----Write_D----"< < endl;
    ofstream fout("f1.dat",ios::app|ios::binary);
                                //打开二进制文件 f1.dat,允许将新数据增加在文件尾部
    cout<<"----input DATA----"<<endl;
    cout<<"输入-学号(不超过 8 个数字):"<<endl;
    cin> >  Num;
    cout<<"输入-姓名(不超过 20 个字符):"<<endl;
    cin> > Name;
    cout<<"输入-班级:"<<endl;
    cin>>Cla;
    cout<<"输入-性别(男为 m,女为 f):"<<endl;
    cin>>Sex;
    cout<<"输入-年龄:"<<endl;
    cin>>Age;
    cout<<"输入- 数学成绩:"<<endl;
```

```
        cin>>Math;
        cout<<"输入-语文成绩:"<<endl;
        cin>>Chinese;
        cout<<"输入-英语成绩:"<<endl;
        cin>>Eng;
        cout<<"输入-奖励记录(不超过100个字符):"<<endl;
        cin> > Rec;
        fout.write((char * )(this),sizeof( * this));
                                    //把输入的数据写入文件 f1.dat
        fout.close();
    }
    void Stud::display_d()              //从文件中读出全部数据并在屏幕上显示
    {   cout<<"----Display_D----"<<endl;
        ifstream fin("f1.dat",ios::binary);
        fin.read((char * )(this),sizeof( * this));
                                    //读出二进制文件 f1.dat 中的第一个学生数据
        while(!fin.eof())
        {   cout<<( * this);            //在屏幕上显示刚读到的学生数据
            fin.read((char * )(this),sizeof( * this));
                                    //继续读出二进制文件 f1.dat 中的后续的学生数据
        }
        fin.close();
    }
    ostream& operator<<(ostream& out,Stud& stu)
                                //友元函数重载插入运算符"<<"
    {   out<<stu.Num<<" "<<stu.Name<<" "<<stu.Cla<<" "<<stu.Sex<<" "<<stu.Age
        <<" ";
        out<<stu.Math<<" "<<stu.Chinese<<" "<<stu.Eng<<" "<<stu.Rec<<endl;
        return out;
    }
    void main()
    {
        const int n=3;
        Stud stu[n]=
        {
            { 6007701,"王顺珩",6,'m',16,89,98,95,"07-08 年度三好学生"},
            { 6007815,"张伊凡",7,'f',17,90,92,98,"2007 年优秀学生干部"},
            { 6007830,"李贝贝",8,'f',18,88,89,90,"2008 年校友奖学金获得"}
        };
        Stud ss;
        ss.init_d(stu,n);
        ss.display_d();
        ss.write_d();
        ss.display_d();
```

```
}
```

4. 思考

增加如下成员函数将扩充程序的功能。

（1）查询函数

```
int search_d(long num0)              //按学号 num0 从文件检索对象并显示在屏幕上
{    cout< < "----寻找对应的学号----"< < endl;
     ifstream fin("f1.dat",ios::binary);
     fin.read((char * )(this),sizeof(* this));
     while(!fin.eof())
     {    if(Num==num0)
          {    //若能找到需检索的学号,显示该学生的所有数据后返回
               cout<<(* this);
               fin.close();
               return 1;
          }
          fin.read((char * )(this),sizeof(* this));
     }
     fin.close();
     cout<<"没有此学号!"<<endl;
                              //若没有找到相应的学号,则给出提示信息后返回
     return 0;
     }
```

（2）删除函数

```
void delete_d(long num0)
{ //按学号 num0 从文件 f1.dat 检索对应的学生,并将该学生的数据从该文件中删除
  int delmark=0;                        //设删除标志变量,且初始化为 0
  cout< < "----Delete_D----"< < endl;
  ofstream fout("tmp.dat",ios::binary);
                              //建立并打开用来写入的二进制文件 tmp.dat
                              //tmp.dat 文件中临时存放不需删除的学生数据
  ifstream fin("f1.dat",ios::binary);  //打开需读出的二进制文件
  fin.read((char * )(this),sizeof(* this));
  while(!fin.eof())
  {    if(Num==num0)
       {    cout<<(* this);             //若找到需删除的学号,显示该学生数据
            delmark=1;                   //置删除标志为 1
       }
       else
          fout.write((char * )(this),sizeof(* this));
       //往 tmp.dat 文件中写入不需删除的学生数据
       fin.read((char * )(this),sizeof(* this));
  }
```

```
    fin.close();
    fout.close();
    if(delmark)
        {    //若有学生的数据被删除,则将临时文件 tmp.dat 的内容复制给 f1.dat
            ofstream fout("f1.dat",ios::binary);
            ifstream fin("tmp.dat",ios::binary);
            fin.read((char * )(this),sizeof(* this));
            while(!fin.eof())
            {
                fout.write((char * )(this),sizeof(* this));
                fin.read((char * )(this),sizeof(* this));
            }
            fin.close();
            fout.close();
        }
    else
        cout<<"没有这个学号!"<<endl;
}
```

请读者自行完成程序的编写与测试。

24.3　实验指导

24.3.1　二进制文件与文本文件之间的转换

1. 题目要求

把从键盘上输入的 4×4 矩阵(二维数组)送到二进制文件 data1.dat 中,然后从该数据文件中读取数据,并送至 4×4 矩阵中。将该矩阵转置后,输出到文本文件 data2.txt 中。

2. 分析

根据题目要求,首先输入二维数组;之后打开二进制文件 data1.dat,使用 write 函数写入二维数组;关闭二进制文件。

再次打开二进制文件 data1.dat,使用 read 函数读出数据到二维数组中,并实现矩阵的转置;关闭二进制文件。

然后,打开文本文件 data2.txt,通过使用插入算符"$<<$"或成员函数 put 来输出转置过的二维数组。

最后,关闭文本文件。

请读者自行完成程序代码。

3. 思考

如何从文本文件转换成二进制文件?例如,先创建 TEXT1.txt 文本文件,然后转换成二进制文件 TEXT2.dat,并在屏幕上显示。

24.3.2　通过移动文件的指针来实现文件的随机存取

1. 题目要求

把一个 5×5 的矩阵数据写入到二进制文件 my2.dat 中,通过文件的随机访问方式,把矩阵中的主对角线数据读出,求和后输出到屏幕。

2. 分析

根据题目要求,首先输入二维数组;之后打开二进制文件 my2.dat,使用 write 函数写入二维数组;关闭二进制文件。

打开二进制文件 my2.dat,使用 seekg 成员函数定位,然后使用 read 函数读出相应的数据。

seekg()函数用于移动输入文件流中的文件指针,seekp()函数用于移动输出文件流中的文件指针,其函数的格式分别为:

```
istream &istream∷seekg(streampos n);
ostream &ostream∷seekp(streampos n);
istream &istream∷seekg(streamoff n,ios∷seek_dir);
ostream &ostream∷seekp(streamoff n,ios∷seek_dir);
```

其中,streampos 和 streamoff 相当于基本数据类型中的 long。前两个函数的功能都是将文件指针直接指向参数 n 指定的字节处(直接定位)。后两个函数的功能是由 seek_dir 确定位置(相对定位)。seek_dir 是一个枚举类型,可取以下 3 个值:

```
ios∷beg      //把文件起始位置作为参照点,移动文件指针到指定位置
ios∷cur      //把文件当前位置作为参照点,移动文件指针到指定位置
ios∷end      //把文件结束位置作为参照点,移动文件指针到指定位置
```

5×5 矩阵主对角线之和的计算如下:

```
ifstream fin("my2.dat",ios∷in|ios∷binary);
int s1=0,x;         //变量 s1 用来存放主对角线数据和,x 用来存放主对角线上的数据
fin.read((char *)&x,sizeof(int));          //读 5×5 矩阵第 1 行的第 1 个数
s1=s1+x;
fin.seekg(7* sizeof(int));                 //定位到 5×5 矩阵第 2 行的第 2 个数
fin.read((char *)&x,sizeof(int));
s1=s1+x;
fin.seekg(13* sizeof(int));                //定位到 5×5 矩阵第 3 行的第 3 个数
fin.read((char *)&x,sizeof(int));
s1=s1+x;
fin.seekg(19* sizeof(int));                //定位到 5×5 矩阵第 4 行的第 4 个数
fin.read((char *)&x,sizeof(int));
s1=s1+x;
fin.seekg(25* sizeof(int));                //定位到 5×5 矩阵第 5 行的第 5 个数
fin.read((char *)&x,sizeof(int));
```

```
s1=s1+x;
```

最后,输出求和的结果 s1,并关闭文件。

请读者自行完成程序代码。

3. 思考

如何显示次对角线上的数据并求出次对角线的数据和?

实验 25 模板的概念与应用

25.1 概 述

1. 目的要求

(1) 掌握函数模板和类模板的定义和使用。

(2) 掌握模板简单应用。

2. 案例内容

(1) 从二维数组中找最大元素和最小元素的函数模板。

(2) 结构体模板与类模板的应用。

3. 实验内容

(1) 函数模板与函数重载。

(2) 结构体模板与类模板。

25.2 案 例

案例 30 从二维数组中找最大元和最小元的函数模板

1. 问题的提出

编写一个从具有 m 行 n 列的二维数组各元素中找出最大元素和最小元素,并显示出来的函数模板,并通过主函数对它调用,以验证其正确性。

2. 分析

模板是程序设计过程中,实现与数据类型无关算法的重要手段,是 C++ 程序设计中明显的特性之一,是实现代码重用的有效工具。

函数模板的定义格式为:

template <模板参数表> 返回值类型 函数名 (形参表){函数体}

当模板参数表有多个模板参数时,中间用逗号分割。如:

template <typename T>

template <class T>

```
template <class T1,class T2>
```

本例可设计函数模板的原型为：

```
template <class Type>
void maxmin(Type * A,int m,int n)
```

二维数组 A 的元素类型为 Type，由第一参数传递其数组首地址，数组 A 具有 m 行 n 列，要在数组 A 的各元素中找出最大元和最小元并把它们显示出来。

函数模板实现具体如下：

```
void maxmin(Type * A,int m,int n)
{    Type Max=A[0],Min=A[0];
     for(int i=0;i<m;i++)
         for(int j=0;j<n;j++)
         {
             if(A[i * m+j]>Max)
                 Max=A[i * m+j];
             if(A[i * m+j]<Min)
                 Min=A[i * m+j];
         }
         cout<<"max="<<Max<<" "<<"min="<<Min<<endl;
}
```

本案例采用一维数组方法来处理二维数组的问题，因为二维数组在内存中是按行连续存放的。

在主函数中，定义了若干类型的数组，调用函数模板并验证。注意调用的格式：

```
maxmin((int * )aa,2,3); //aa 数组为 2 行 3 列的整型数组
maxmin((char * )bb,3,3); //bb 数组为 3 行 3 列的字符型数组
maxmin((float * )cc,3,4); //cc 数组为 3 行 4 列的浮点型数组
```

3．程序代码

```
# include<iostream.h>
template<class Type>
void maxmin(Type * A,int m,int n)
{    Type Max=A[0],Min=A[0];
     for(int i=0;i<m;i++)
         for(int j=0;j<n;j++)
         {
             if(A[i * m+j]>Max)
                 Max=A[i * m+j];
             if(A[i * m+j]<Min)
                 Min=A[i * m+j];
         }
         cout<<"max="<<Max<<" "<<"min="<<Min<<endl;
```

```
}
void main(void)
{    int aa[2][3]={{8,10,2},{14,4,6}};
     char bb[3][3]={{'a','b','c'},{'d','e','f'},{'g','h','i'}};
     float cc[3][4]={{1,2,3,-4},{10,9,8,-7},{6,5,2,1}};
     cout<<"array aa maxmin is---";
     maxmin((int *)aa,2,3);
     cout<<"array bb maxmin is---";
     maxmin((char *)bb,3,3);
     cout<<"array cc maxmin is---";
     maxmin((float *)cc,3,4);
}
```

4. 思考

本案例如果采用二维数组方法来求最大值和最小值，请读者自行完成程序的编写与测试。

案例 31 结构体模板与类模板的应用

1. 问题的提出

某校的学生、教师统一用某个软件系统管理，学生的学号为 5 位，教师的编号为 4 位。对学生来说，变量 n1，n2，n3 为整型，存储学生的三门课程成绩；对教师来说，变量 n1，n2，n3 为 float 型，存储教师的基本工资、奖金、补贴。请用结构体模板（类的模板）设计程序实现数据的输入与输出。

2. 分析

类有数据成员和函数成员，如果希望类中的部分数据成员、函数成员的参数或返回值能够适用多种不同数据类型，可以使用类模板。

类模板的定义格式为：

```
template <模板参数表>
class <类名> {类成员说明};
```

其中：<模板参数表>由用逗号分隔的类型标识符或常量表达式组成。

本案例中，节点结构体的模板定义为：

```
template<class t>
struct node{
    unsigned num;
    char * name;
    t n1;
    t n2;
    t n3;
};
```

类模板定义为：

```
template<class t>
class file{
    node<t> * p;
public:
    file(){p->num=1122;p->name="";p->n1=0;p->n2=0;p->n3=0;}
    void setdata(unsigned anum,char aname[10],t an1,t an2,t an3)
    {   p->num=anum;
        p->name=aname;
        p->n1=an1;
        p->n2=an2;
        p->n3=an3;}
    void outdata()
    {   cout<<p->num<<" "<<p->name<<" ";
        cout<<p->n1<<" "<<p->n2<<" "<<p->n3<<" "<<endl;
    }
};
```

注意主函数中的模板使用格式。

以上节点结构体的模板定义和类模板定义可以保存在头文件 MyDefine_Node_Class.h 中,并将该头文件保存在该项目中。

3. 程序代码

```
#include<iostream.h>
#include "MyDefine_Node_Class.h"
void main()
{   file<int>p1;
    file<float>p2;
    p1.setdata(28715,"李四",87,88,92);
    p1.outdata();
    p2.setdata(4455,"王二",2500,1500,1000);
    p2.outdata();
}
```

25.3 实 验 指 导

25.3.1 函数模板与函数重载

1. 题目要求

利用函数模板和函数重载的知识,实现数字、字符、字符串之间的大小比较。

2. 分析

由已学知识可知,数据之间的比较大小可以通过条件表达式(?:)来实现,字符串之间比较大小则可通过字符串库函数 strcmp 来实现。

相同的数据类型的比较可以通过函数模板来实现,不同的数据类型的比较则应通过函数重载来实现。

在主函数中，应该设置各种数据类型的比较（例如：整型与整型、整型与浮点型、整型与字符型等）。

请读者自行完成程序代码。

25.3.2 结构体模板与类模板

1. 题目要求

利用结构体模板、类模板构造一单链表，使其数据域能接收整数、浮点数、字符等，且能实现以下的功能。

（1）在各节点的数据域中存入基本类型的数据，得到整数单链表、浮点数单链表、字符单链表。

（2）查询某数据是否存在。

（3）删除存放某数据的节点。

（4）显示某种数据类型的单链表。

2. 分析

该单链表的节点用结构体模板，可参考如下的结构体模板设计：

```
template<class t>struct node
{      t val;
       node * next;
};
```

单链表要适应多种类型数据的存储，所以要用如下类模板：

```
class linear{
    node<t> * head;
    int size;
    public:
        linear() { head=0;size=0;}   //单链表的构造函数
        int insert(t x);
//先在自由存储区申请节点,再插入某种类型的一个数据入该节点的数据域
        int delete(t x);
//删除节点数据域中的数据和 x 相同的节点,要注意撤销动态分配的节点,以免造成内存泄漏
int ask(t x);                        //查询某数据是否存在
void show();                         //显示单链表的数据
~linear();                           //析构函数,要将生成的单链表的所有节点都删除
```

主函数如下：

```
void main()
{     linear<int>intlinear;
      intlinear.insert(100);
      intlinear.insert(200);
      intlinear.insert(300);
```

```
intlinear.insert(400);
intlinear.show();
linear<float>floatlinear;
floatlinear.insert(10.1);
floatlinear.insert(20.2);
floatlinear.insert(30.3);
floatlinear.insert(40.4);
floatlinear.show();
linear<char * >charlinear;
charlinear.insert("abc");
charlinear.insert("mnd");
charlinear.insert("opq");
charlinear.insert("xyz");
charlinear.show();
}
```

请读者读懂上述主函数并自行完成程序中类成员函数的设计工作。

3. 思考

（1）如何修改主函数？用来测试删除节点的成员函数是否能正常工作？

（2）如何再添加一些对单链表的操作功能（如各种常用的排序方法）？并请在主函数中添加新增成员函数的测试程序。